爱宠嘉年华**系列丛书**

拍拍宠客 ▶ **编著**

首部单犬种情景式
养宠系列丛书

威武雅士——哈士奇犬

中国农业出版社

图书在版编目（CIP）数据

威武雅士——哈士奇犬 / 拍拍宠客编著. — 北京：
中国农业出版社，2013.2
（爱宠嘉年华系列丛书）
ISBN 978-7-109-16902-9

Ⅰ. ①威… Ⅱ. ①拍… Ⅲ. ①犬 – 驯养 Ⅳ.
①S829.2

中国版本图书馆CIP数据核字(2012)第128970号

中国农业出版社出版
（北京市朝阳区农展馆北路2号）
（邮政编码　100125）
责任编辑　周锦玉

北京通州皇家印刷厂印刷　　新华书店北京发行所发行
2013年2月第1版　　2013年2月北京第1次印刷

开本：880mm×1230mm　1/32　印张：5.5
字数：140千字　　印数：1~5 000册
定价：32.00元

爱宠嘉年华**系列丛书**

威武雅士——**哈士奇犬**

拍拍宠客 ▶ **编著**

拍拍宠客简介

拍拍宠客，全称为拍拍宠客时尚生活连锁机构。该机构全力打造彰显时尚、风格迥异、情趣盎然的人像、宠物主题摄影（即人宠摄影）。融入更多时代气息、民俗风尚、炫酷丰采、个性锋芒的原创元素，将人与爱宠的友情、亲情作为光影的折射定格，让更多的人一起享受爱宠相伴的欢畅，为“宠客”家族的成员带来无限的快乐！

拍拍宠客拥有顶尖的摄影器材、经验丰富的拍摄和助理人员，丰富多彩的原创策划和主题型摄影的探索，以及完美震撼的数码后期、设计和制作流程，并不断推出符合各类审美需求的影像产品和家居饰品，同时也是国内知名门户网站和权威宠物平面媒体的合作者之一。2010年出版了宠它拍它系列丛书《狗狗摄影乐翻天》和《猫咪摄影乐翻天》。

拍拍宠客的创意摄影（人像宠物摄影、宠物拍摄、另类宠物拍摄、人像婚纱宠物拍摄、全家福等）受到业内外广泛关注。宠客网作为国内唯一一家人宠摄影的图片网站，将精彩的动人画面不断呈现；与国内顶尖数码影像制作公司合作的影像制品（各种中高端数码产品）独树一帜、卓尔不群；人像宠物摄影培训（含拍摄宠物初级、中级培训）造就了更多的新锐摄影人和时尚摄影作品；与宠物行业的各种商业合作和宠物文化类商品、活动、经济主理等相关工作的开展，形成了拍拍宠客多元化、多层次、多媒介的经营理念。随着拍拍宠客加盟店、品牌加盟店、品牌合作店的不断推广，将为爱宠人士构筑起宠客生活的首选品牌。

宠客热线：010-6558 0629

网站：www.ppck.net.cn（宠客网）

E-mail：aifoppck@qq.com

编辑推荐

没有一本描写犬的书会像这本书一样如此特别，它没有专业理论书籍中的品种生物学描述，没有难懂的营养需要特点和消化食性，没有各种疾病的病原、诊断和具体治疗……因为它不是写给宠物医院的，不是写给专业技术人员和研究人员的。它，就是特别为你而写的——热爱狗狗，并喜欢与狗狗一起生活的人！

当你翻开这本书，是否感受到了它蕴含的温暖？作者以人性化的笔触，描述了你与狗狗一起生活的每个瞬间，字里行间流露出的真挚和真实，会让你爱不释手，读到最后，甚至会有点点感动！这，就是我们所倡导的人与爱宠和谐共处、相互陪伴、灵性互动的完美体现。

如果你还没有养过任何一只狗狗，没有关系，读读这本书，看它能否解答你的疑惑，能否带给你全新的养犬观念，能否激发起你浓厚的兴趣；

如果你是养犬新手，那丝毫不必担心，读读这本书，它会告诉你所有需要注意的细节和要素，帮助你充分认识自己的爱犬，完美度过和它相处的每个阶段；

如果你是一位老道的犬迷，掌握很多相关知识，那也来读读这本书吧，体会一下本书带给你的不同感受，是否有些许共鸣引起你的会心微笑呢。

……

“留出一些时间吧，给我们的狗狗梳梳毛，陪它们每天散散步，给它们做顿可口的晚餐，坐在它们身边看着它们美美地全部吃完，不加吝惜地抚摸它们，和它们说说话，找来它们喜欢的玩具，一起消磨一段美好的时光。有机会和它们多留些合影，多些视频，写出一些内心的感触，让时间慢一些，再慢一些……”。

愿与此感受同你共享！

前言

作为一部单犬种情景式养宠宝典系列丛书，并非将一个犬种的自身体貌特征、性格特点、科学饲喂、护理方法、习惯训练作为内容的全部。本套系列丛书以人性化的笔触，先将各犬种被大家关注的理由娓娓道来，摆脱传统单犬种书写中的以犬论犬之说，将人与爱宠从陌生到认知、熟悉、一起生活的过程循序渐进、由点及面、层次分明地清晰展现。

如何把一个特定犬种与人的日常生活紧密结合，从知识、生活、实用的角度，阐述好它们的与众不同呢？本套系列丛书以崭新独特的视角、清新生动的文字、品质良好的图片、专业高度的阐述，仿佛伴着爱宠一起欣赏、阅读、快乐地享受其中的乐趣。

哈士奇是中型犬，受到"城市户口"的影响，但在众多养宠人士心目中，哈士奇犬仍然是伴侣犬、宠物犬中重要的选择之一。哈士奇犬的体貌特征、独特气质、活泼灵动、亲和友善让喜欢它的人心动不已。在每天的朝夕相处中，它给予我们的不只是快乐和情趣，经过我们的训导和关心，它再也不是那个容易制造"小麻烦"、注意力不集中、忘性大、到处乱跑的"小哈"了，而是人见人爱、训练有素的哈士奇犬。

本书针对哈士奇犬的方方面面，从犬种特点到日常细节；从容易造成的误解问题，到解决问题的良方秘籍；从犬种不同阶段面临的千头万绪，到四季中坦然面对爱宠的纠结；从了解它、欣赏它、爱惜它到喜爱它……这个过程不是说教性的科学普及和呆板的教材论述所能做到的。只有通过悠然地阅读，让我们培养出一种心情、一种对爱宠的情绪和一种人文的关怀。

在这里，非常感谢爱宠嘉年华系列丛书编委会老师们的辛勤工作、专业指导、技术支持和不遗余力地扶持。感谢林海先生主笔并提供所有哈士奇犬的精美照片。感谢拍拍宠客时尚生活连锁机构全体同仁的共同努力。感谢业界各大宠物产品代理商、生产厂商、业内单位组织，包括北京明祥达、海巍（国际）宠物中心、中景世纪、北京凌冠商贸有限责任公司、三美宠物用品有限公司、北京长林宠物用品有限公司、天使动物医院、北京众智金成商贸有限公司、乐宠宠物连锁（排名不分先后）等的大力协作。感谢拍拍宠客时尚生活连锁机构加盟店、品牌加盟店、品牌合作店配合拍摄。感谢叶海强先生以及林新华先生、李妍书女士等对本套系列丛书的支持与关注。

特别感谢雪族犬业的孟静老师、精彩哈士奇付迪佳老师、北京晴天犬业夏晴老师，对本书编著过程的倾心配合与全力协助。

最后，衷心地感谢孙芳华、矫永平、石松、陈迟、石文发、林慧、李妍书、林新华等同志，以及所有关心拍拍宠客时尚生活连锁机构发展的朋友们！

编者

2013年2月

引言

哈士奇狗狗的阳刚之气似剑袭人，令人有敬畏之意。
但是喜欢这种特质的人士认为它威武英俊，
对人、对同类友善可亲，聪明持重，大有绅士风范。
作为优秀的伙伴犬种，它还具备家园卫士的强烈意识。
哈士奇强健的体魄一定会陪伴你带来娱乐、运动、嬉戏的许多乐趣。

本书通过养护哈士奇的衣、食、住、行、玩的实践知识，
获取人宠之间诚信、友爱与欢乐的体验，
以此表达我们对广大读者的一片心意。

目录 contents

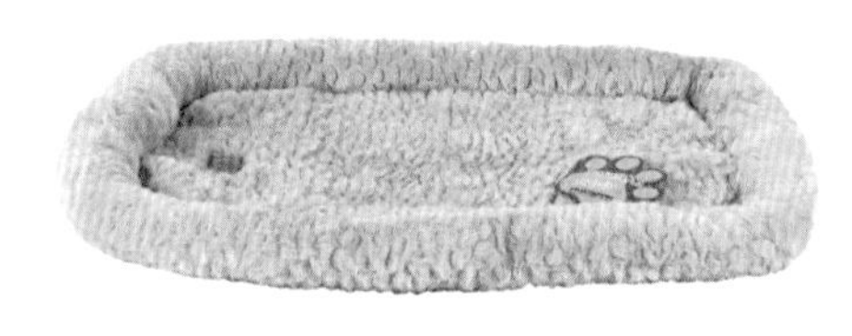

哈士奇之所以受到宠爱，在于它的体态特征在犬类中独树一帜：
一是标准的中等体型；
二是骨架中等刚健；
三是各部比例均匀优美；
四是步履轻快有力；
五是双重被毛，防护有佳；
六是面部愉悦威武；
七是双耳直立多毛；
八是尾毛双盈下垂；
九是个性外刚内柔。

哈士奇犬的英文是“The Siberian Husky”，西伯利亚雪橇犬的别称。它代表着一个独立的犬种，犬种的行业组织AKC即美国犬舍俱乐部或美国养犬俱乐部、FCI 即世界畜犬联盟或世界犬协对“哈士奇犬”的标准都有明确的注释。

自新石器时代以来，人类在极寒地区生活，自然少不了能助人、伴人一起生活的狗狗，一些品种与北极狼群交配，形成了具有北方特征的犬种，如萨摩耶犬（Samoyed）、阿拉斯加雪橇犬（Alaska Malamue）、爱斯基摩犬（American Eskimo Dog）等。

楚克奇人部落通过杂交繁育训练狗狗拉雪橇及守护家畜的本领，为成为优秀的工作犬打下基础。犬只数量的积累，也作为家中财产的显现，一代一代的繁衍，形成了后来哈士奇的祖先。

自1938年成立美国哈士奇俱乐部（Siberian Husky Club of American，简称SHCA）起，哈士奇犬不仅出现在全世界犬赛的赛场上，更多的是被喜欢它的人们所接纳和认可。从一类伴随人类工作、劳动的工作犬，到陪伴现代人生活的宠物犬，这近百年的时间里，哈士奇犬当之无愧地成为了最受关注、最有明星气质的宠物代表！

选择哈士奇犬（人们常简称它“哈士奇”或“小哈”），因为我们喜欢，喜欢这个样子的狗狗，当然还有更多的理由……

Part 1

爱“它”的十大理由

与微笑天使——萨摩耶犬相比，哈士奇狗狗是另外一个模样，它外表威武的英姿，又蕴涵着几分温文尔雅的绅士气质。开篇就让我们讲述它可爱的故事吧！

一、迷人的“冷酷”爱死人

“冷酷”看似是哈士奇的外表，沉稳的脸庞、凝重的神情、坚毅的眼神，让人感觉英气逼人。其实，“冷酷”的感觉更多是来源于人们对“狼”的“凶悍”记忆，现在哈士奇的“冷酷”成为了“时尚”、“个性”的代名词，如果想与众不同、吸引眼球、彰显风格，哈士奇确实HOLD住！

同时，哈士奇也是迷人的。我们看多了娇滴滴的宠物、神经质的宠物、弱不禁风的宠物、笨头笨脑的宠物，当然也需要有哈士奇这样“自我张扬”的宠物、“率真本性”的宠物。它们会把自己全身心地交予我们，即使是并不完美的地方，也让我们能理解、包容，就像是我们的亲人、我们的朋友，这样的“真实”既是可爱的，也是宝贵的。

哈士奇不是温室里的花朵，它更喜欢徜徉在广阔的大自然中，享受新鲜的空气和阳光的沐浴。它矫捷的身影、闪着光泽的被毛、从容不迫的仪态与自然环境浑然天成，公犬威严中带有贵族气质，母犬飒爽中带有婉约纯净。

二、性情中犬具有亲和力

狼吟啸月的景象往往给人以惊悚的画面，哈士奇自古就群居生活，与人为善，所谓孤僻、冷漠、玩世不恭绝不是哈士奇的性格。

哈士奇具有对领地控制的欲望、守护主人、保护家庭的意识强烈，但是哈士奇少有攻击性，对人、对于同类都很友善；成年后性格会更加老成持重，具有大家风范。

幼犬的好动、顽皮让我们心生怜爱，尽管少不了犯错误、调皮捣蛋，但主人对此千万别棍棒相向，别伤害到它们的自尊心。有些“问题”哈士奇的出现，绝非是性格所致，主要是主人教导无方。

哈士奇被毛着色犹如中国水墨画
——轻描淡写总相宜

哈士奇好奇的心理，往往会使它为所欲为、不听劝解、固执己见、耍小脾气或者闯些小麻烦，这些都会让我们十分纠结。责骂既然解决不了问题，还是用宽容的心，更多的爱让它多将事情做对、少做不该做的事情吧。

三、需要得到理解和肯定的狗狗

哈士奇并非顽劣和目中无人，我们是它的主人，它们更是期望得到我们的理解和肯定。想当初，哈士奇一年中也就是几个月时间在劳作，剩余的时间都是陪伴主人，或者是闲散着与同伴相互玩闹和游荡，习惯成自然，这样的作风，往往会不被认同，给人一种散漫、无知的感觉。

不要质疑哈士奇对我们的依赖和忠诚，更要相信它们能够坚守在我们的身边。如果我们没有耐心和宽容之心，会对哈士奇产生偏见，就会不愿意花费时间一点点地驯教它们。

在和人类相处的漫长时间中，哈士奇已经形成了乐于承担工作的特性，磨炼出非凡的耐性，同时，它们也极易得到满足，只要是夸奖和鼓励，哈士奇都会百分之百欢欣鼓舞地接纳。

群体生活造就了哈士奇敏锐的等级意识和地位观念，对家庭成员的服从性也来源于它们最原始的判断，不能拿天生顺从、非常依赖的标准套用在哈士奇的性格上，从“主人”的角度出发，不仅能得到哈士奇的认可，也会换来哈士奇的尊敬。

所以，不同性格的人会选择不同种类的狗狗，喜欢哈士奇，也就是喜欢这种需要得到理解和肯定的狗狗！

四、自由、运动之主的化身

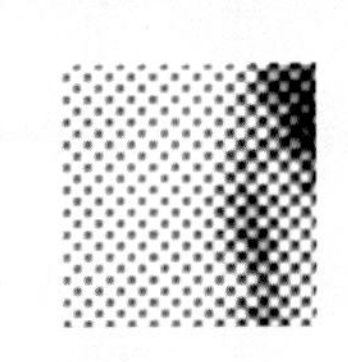

看到哈士奇，会让人联想到进入现代社会前，本属于它的最原生态的感觉。哈士奇作为最优秀的雪橇犬之一，这是它们面对恶劣环境的良好适应力和自身运动天分的集中体现。

“自由”是所有动物都崇尚的心理和生理梦想，追逐无拘无束、随心所欲的生活，即使是身处平淡普通的条件，也不会因为拥有财富和过多欲望而放弃自由。

多给哈士奇一些自由的时间，不能把它当作一只猫来对待，过多地局限它的活动区域，让它很不自在地成天“宅”在家中，哈士奇的精神将受到逼迫和压制，尤其是缺乏时间照顾它们，动不动就会被托管的状态，会让它那渴望自由的心遭受严重地扭曲。

不好运动的人也是和哈士奇的运动体质相悖。虽然让哈士奇上跑步机已经变成可能，但是机械的运动会造成身躯的僵化。据说为了达到运动目的，类似放在自行车上能固定遛犬牵引绳的装置也应运而生。如果说运动本身是以牺牲自由为代价的，运动的过程也是勉为其难了。

有了哈士奇的陪伴，我们的生活将变得多姿多彩，和哈士奇一起做强身健体的运动也不会那么单调和乏味，在时下紧张的生活节奏中共同享受难得的休闲时光吧。

五、能做宠物明星的狗狗

在众多犬类中，能担当得起宠物明星的并不多。无论是在秀场T台上、电视秀宠栏目中，还是众多商品广告里、各大时尚杂志上，都少不了哈士奇的身影！

做宠物明星的狗狗并不容易，不仅要有俊美靓丽的外表，还要有超凡脱俗的气质，不仅要有独树一帜的个性，还要有与众不同的本领。

哈士奇能够脱颖而出，吸引聚光灯和众人的眼球，除了天生丽质以外，良好的驯服性、百折不挠的耐力，再加之对主人的忠诚，这些都是培养的前提。

对哈士奇要从小树立良好的行为修养，训练好日常生活习惯，让它能够适应各种复杂环境，接触到不同职业、类型的人群，这样哈士奇更能受到大家的关注和喜爱。

无论是否饲养狗狗，只要是喜爱狗狗的人都会对哈士奇更加青睐。家中有宠物明星不只是家中乐趣不断，邻里之间也会更加和睦友善。

六、适应环境能力强的狗狗

哈士奇虽然属于北方寒带、极地的犬种，但并非只耐寒怕热。它的双层被毛不仅能够耐寒，同时，也起到了很好的隔热作用。

哈士奇的体表味道较许多狗狗也小，对于闻不惯狗狗身上浓重味道的人、希望家居空气不被狗味影响的人来说，真是好处多多。

即使是家中有孩子或其他同类狗狗的存在，哈士奇也能够不争宠，相安无事。毕竟经历长期群体生活的熏陶，家族观念和集体意识都保障了自身的基本安全。

哈士奇的耐力很好，如果是喜欢越野和旅游的人，将它带在身边，即使是环境恶劣，哈士奇优良的体质也会增加一份玩乐的慰藉和刺激。

七、经济型易养的狗狗

哈士奇是中型犬，个头也不大，所以不用担心在家中所需要的居住空间很大；而且它的活动空间基本上是在户外，也不会过分拘泥于家里居室的大小。

哈士奇远没有我们想象的能吃。但对于中大型犬来说，宠物主粮日积月累的结果也是一笔不小的开销。不同犬种肌体消化力有差异，如果给哈士奇饲喂过多，也容易引起肠胃不适和腹泻，所以饲养哈士奇也可以省下不少开支。

哈士奇从艰苦的环境过来，不会非常挑嘴，日常零食最好在训练时使用，有些咬胶就能帮助它消磨时光和锻炼咬合，因此不会产生更多的开销。

至于服饰装饰，由于哈士奇自身的良好条件，也不必再有额外支出了。

只要对哈士奇每日梳毛和护理，保持身体定期清洁、洗澡，也不易很脏；即使晚了几天，哈士奇也不会显得更加脏乱不堪。

八、共同学习进步的狗狗

学习是人一辈子的事情，对于哈士奇来说，学习的过程和以前劳作的过程一样，都充满了渴望。

哈士奇的忘性大，并非不好学、不知学，给它教授的东西转眼就忘记了是常有的事情，不必因此而纠结，失掉耐心。

和哈士奇在一起，我们也会调整心态，少急躁、多运动。多了解狗狗的习性，增强它的稳定性和社会化教养，这样不仅哈士奇的成长会获得益处，我们也能够通过养宠让自己丰富知识，陶冶性情。

九、生活情趣难以割舍

和种花、养鱼、绘画、听音乐、看电影一样，饲养一只哈士奇同样可以丰富我们的生活情趣，与其说哈士奇是一只狗狗，还不如说它是一个在我们身边、一起生活的“小大人”。

作为一种生活情趣，我们可以欣赏哈士奇的各种表情和各种行为。在四季的变化中，它的喜怒哀乐，对我们的生活都发生着细微的影响。

多口之家，如果多一只哈士奇的融入，会频添更多的“戏剧效果”，多一番情致温暖的“和谐景象”。

十、“它”不仅仅是一只哈士奇

我们带着一只充满稚气的哈士奇回家时，还没有想得那么复杂，是冲动的喜悦？是孩子的央求？是看到他人对哈士奇的羡慕？还是追求个性时尚的盲目？

或许，我们已经做好了很多“功课”上的准备，查阅了大量的网络咨询，购买来专业的哈士奇书籍和涉及哈士奇犬种的杂志来认真阅读，与周围的犬友进行过深入的交流和探讨；针对拥有一只哈士奇后会面临的种种问题，积累一些心理和生活的实际经验。

总之，我们要时刻告诫自己，从小小的哈士奇进门的第一天开始，即使我们还没有工夫针对饲养狗狗进行学习，时不时工作与生活的压力迎面袭来，时间和精力成为了剥夺哈士奇自由和运动的借口……，等等。我们不能不负责任地视其为“玩偶”一样地丢弃一边，爱“它”可以有一万个理由，不爱“它”似乎一个理由就足够了，这并不合乎情理。

它不仅仅是一只哈士奇，也不仅仅是一只狗狗，它是我们独一无二的选择，更是代表主人与“它”的缘分和责任。我们不选择其他的宠物类型，不选择其他的犬只种类，不选择其他同犬种的任何一只，只选择了“它”，这种充满了排他性的选择，不是多少理由可以替代的。所以我们不能随意选择，更不能轻易放弃“它”。

Part 2

选"它"最合适

为什么你会热衷于选择有点"狼"相的狗狗作为你养宠的首选呢？有些是你的性格使然！我们的生活中太缺少阳刚之美的形象与教化了！你是不是能够认同我的观点？

一、如果“它”是哈士奇

哈士奇与其说是我们养的一只狗狗，还不如说是我们的伙伴。它和人类心灵相通、相互牵绊，已经养成了与我们朝夕相处的习惯。根据我们的生活、工作情况，如果事物颇多，少有闲暇时间，更少有可能陪伴哈士奇，只会让它每天独自在家，这或许对哈士奇的依赖人的心理产生沉重打击。

哈士奇无论是对熟悉的环境，或者是陌生的环境，都充满了探究和好奇。常常出现哈士奇丢失的情况，多数原因在于主人缺乏基本的养护防范，放任哈士奇到处溜达，不加强日常的基本训练。千万不能认为狗狗都会找到自己的家，我们在自己“逍遥”的时候，一刻都不能放松，要让哈士奇在我们的视野之内。

哈士奇每年的换毛期，对家中环境的影响取决于是否每天都能进行梳毛和护毛。但凡没有时间打理这些琐事，或者周边没有宠物店的专业宠物美容师帮忙，就要忍受毛落遍地的尴尬境地。

现在的“宅”人越来越多，有时间网聊、网购、打游戏、看视频，也不愿意多到外面活动活动。借口总是有的，夜生活丰富多彩到凌晨，一觉睡到大天亮，但唯独没有时间让哈士奇出去运动。这样的日子逼迫着哈士奇整日焦躁不安，极易生出事端，也让养狗成为了“负担”。

很多地方对于哈士奇的“城市户口”都会有所限制，加之许多人对它的了解甚少，孩子多的地方、狭小的电梯空间、生来不喜欢狗狗的人都会与之产生“不便”。养犬不是自己一家一户的事情，应考虑邻里和社区的环境，也会多一些安心和准备。

作为每一位文明养犬人，遵守国家关于养犬的各项制度、条例、要求，并且尽一位公民应有的养犬责任，这都是饲养哈士奇一定要遵守和执行的。

心声充满着幸福与希望

二、“一见钟情”还是“理性处之”

确定了养一只哈士奇的愿望后，到哪里寻到梦想中的“它”呢?

当我们看到一窝可爱的小哈，我们一定会欣喜不已。当然，“一见钟情”没有错，“理性处之”也没有错，遵循的规律就是“一看”、“二动”、“三问清”。

- ***“一看”*** 未满8周龄的哈士奇最招人喜爱，但年龄过小，身体的抵抗力和免疫力低下。要轻轻掰开幼犬的嘴，看看牙齿是否出齐，如果有一多半还没有顶出牙齿，说明月份尚小，建议选择3个月或3个半月以上的哈士奇犬。
- ***“二动”*** 一是选取一些食物，放在几只哈士奇中间，过于积极抢夺、甚至是踩着同伴争食的不能选；而不敢上前取食，害怕与同伴冲突的也不能选；太难驯服和过于胆小的都不是“优质”幼犬的性格。二是选择一种玩具，让几只哈士奇一起玩耍，喜欢玩耍而充满激情的，日后的训练将容易进行；反之采取逃避、躲闪的，不可选。
- ***“三问清”*** 一问具体的出生年龄，二问防疫的具体时间，“三问”幼犬的父母情况。至于最后一点，最好选择能看到其父母的正规犬舍，才能够对狗狗的品质进行基本的判断。

三、评判哈士奇的专业繁殖

一般客户只是为了自家养只哈士奇玩玩，也要注意具备纯种犬的基本体貌特征。而作为哈士奇的专业繁殖，要了解的内容更加精深。

血统繁殖、近亲繁殖、远缘繁殖是哈士奇专业繁殖的基本理论，其目的是保持或改良目前的内部、外部状态，尤其是前两种方法的应用，加快了血统纯正的时段，最大限度地控制哈士奇的品质，减少不确定性。

血统繁殖，即让有着与同一祖先的亲缘关系很近的狗交配，而不能是两者的祖先和亲缘几乎没有什么关系（根据犬类遗传学家L.C Brackett所著的犬类遗传守则）。

近亲繁殖，是受到一定限制的近缘繁殖，如母子之间、父女之间、兄弟姐妹之间、同父异母或同母异父的兄弟姐妹之间等。

远缘繁殖，不是血缘联系。L.C Brackett指出："经过一次远缘繁殖，繁育者就应该立刻在原血系内进行繁殖。这是远缘繁殖目的达到后唯一安全的程序了。""一条血系是一类动物里的一种。"这是在长期严肃的繁育程序中通过成功的血统繁殖和近亲繁殖获得的。

无论是血统繁殖还是近亲繁殖，都需要甄选出体貌特征、性格特征、健康状态最为优秀的犬只进行应用。特别指出的是，近亲繁殖是哈士奇永远保持其品质以及影响未来繁育程序的强有力方法，虽然不一定传承最优秀的品质，但可以最大限度地利用它（L.C Brackett）。

相对而言，一般用户在看中哈士奇品质的同时，还要客观看待有可能繁育的后代的品质。优秀品质的哈士奇也是甄选出来的，同样一窝的哈士奇也会参差不齐，只有遵循哈士奇的标准条件，才是对的选择。

因为帅，星星点点扮饰就锦上添花了。…

四、冠军犬的诞生

日常家庭中的哈士奇与冠军犬到底有什么不同呢？同样都是哈士奇犬，并非有纯种犬和非纯种犬的区别，但是我们相信，大家都希望自己的哈士奇更加优秀一些，看看一只哈士奇冠军犬是怎样诞生的吧！

如果一只哈士奇犬在犬赛中得到“BIS”，即“全场（包括全部参赛犬种的犬只）总冠军”，这是该次犬赛的最高荣誉。能获得这般荣耀，这只哈士奇当然要具备与众不同的“素养”。

- ***高品质标准*** 越接近于哈士奇标准的狗狗，被打分越高，说明其品质优秀。
- ***科学的护理*** 饮食、营养、皮毛护理、美容、寄居环境、运动项目等方面都要求科学把握、精益求精。
- ***培养和训练*** 自信和亲和力是哈士奇性格的重要内容，一方面是先天养成，另一方面源于后天培养；无论在赛场还是在日常，服从性、稳定性、运动性训练能频添哈士奇高贵的气质和亦静亦动的英姿风范。
- ***美容造型*** 强调自身优势、弥补自身缺陷是赛场美容造型的要点。
- ***现场表现*** 优秀的指导手牵着同样优秀的哈士奇，会产生爱屋及乌的美妙画面。如何将一只哈士奇完美身姿、独特气质、协调步态一一展现，离不开指导手的丰富经验、敏锐观察、高超技法和兢兢业业的工作态度。

所以说，我们在日常生活中对哈士奇的“要求”可以给予更高的标准，当然不是为了参加犬赛获得名次，但经过我们的悉心调养，我们的身边也会出现我们心目中的“冠军犬”。

五、选择合适的哈士奇

1. 哈士奇和阿拉斯加雪橇犬的区别

了解阿拉斯加雪橇犬的标准，更容易将其与哈士奇进行区分。

(1) 原产地 北极圈爱斯基摩人因纽特族的马拉缪部落（Malamute）。

(2) 身高 公犬 63.5厘米，母犬 58厘米。

(3) 体重 公犬 38.6千克，母犬 34千克。

(4) 寿命 11~13岁。

(5) 渊源 1935年被AKC认可。

(6) 体型 大型犬，而哈士奇为中型犬。

(7) 被毛 长毛、柔软，哈士奇较短且毛质硬。

(8) 颜色 黑白、红白，哈士奇以灰白、黑白、咖啡白为主。

(9) 头部 较之哈士奇更加宽大。

(10) 眼睛 褐色，不接受蓝眼，而哈士奇允许单眼或双眼为蓝色。

(11) 耳朵 耳尖圆弧而间距大，与哈士奇相反。

(12) 尾部 像一根招展的大羽毛，允许卷起到背部，而哈士奇的尾部像个“圆头刷子”，放松时，自然下垂，一般低于背部。

(13) 性格 阿拉斯加雪橇犬敦厚、勇敢、忠诚、友好而感情丰富，成年后持重稳健。哈士奇犬聪明、机敏、独立性强、和善亲切又不失威严。

这种毛色
扮相我并
不喜欢！

2. 哈士奇的标准和特点

（1）整体 哈士奇属于中型犬，被毛丰富，身体紧凑，脚步轻盈，动作优美。体型并非越大越好，过于粗壮会严重影响其运动，骨骼结构匀称，体重适中。

（2）身高 公犬和母犬存在差异，公犬53～60厘米，母犬51～56厘米。从侧面看，自肩点到臀部最末点的长度要略大于从地面马肩隆顶点的身高。

我还是赏识这种扮相的狗！
…

祝福我家的
小哈，长大了
也如此漂亮！
…

（3）体重 公犬 20～27千克，母犬 16～23千克。

（4）被毛 双层被毛、中等长度、较为浓密。底毛柔软、浓密、长度足以支撑外层被毛；外层毛粗毛平直、光滑服帖。底毛在换毛期会掉毛。

（5）颜色 从黑色到纯白色的所有颜色，头部也可能出现色斑。所谓头顶三把火、二把火的图案，并不作为评判哈士奇的优劣。

（6）前躯 从前面看，双腿间距适中、直立、平行，不外翻、不内翻；侧面看，骨关节有一定的倾斜角度，强壮灵活。

（7）后躯 从后面看，后腿间距适中、平行，上半部肌肉发达，踝关节轮廓分明、距地位置低。

PET CARNIVAL

（8）头部 中等大小，与身体比例协调。顶部较圆，从最宽的地方到眼睛逐步变细。

（9）胸部 深，强壮，不太宽。最深点位于肘部的后面，且与其平行。肋骨从脊椎向外充分扩张，侧面偏平，可自由运动。

（10）肩部 肩胛骨向后延展。从肩部到肘部，上臂有一个略微向后的角度，不能与地面垂直。

（11）眼睛 呈杏核状，间距适中，稍斜。颜色为棕色、蓝色或杂色，允许双眼颜色不同。

（12）耳朵 呈三角形，大小适中，相距较近，位于头部较高位置。耳高略大于耳宽。耳毛厚，竖起有力，笔直向上。

（13）吻部和嘴 从鼻子的末端到额段的长度等于额段到枕骨的长度。最长中等，与头协调。

（14）鼻头颜色 灰色、棕褐色、黑白色犬为黑色；古铜色犬为肝色；粉色条纹的“雪鼻”亦可被允许。

（15）牙齿 剪状咬合。

（16）尾部 类似狐狸尾巴，位于背线之下。

（17）脚部 前脚直立从前看适度分开、平行、直立；脚趾椭圆，中等大小，紧凑。

（18）背部 平直而强壮，自马肩隆到臀部的背线平直。

（19）步态 轻盈稳健，舒展协调，飘逸灵动，充满活力。

行进中的哈士奇
——尽显它的优美神态！

六、"小哈"的健康

选择哈士奇是要"男孩"，还要"女孩"呢？有的时候，我们相信"一见钟情"！

（1）体貌差异 一般母犬会更加乖巧温顺，公犬会威武灵动。

（2）性别差异 性别上公、母的不同，健康和护理上有不同的关注点。

（3）身体检查

● 眼睛周边无分泌物，眼珠清澈，干净，翻开耳朵查看耳道无分泌物，鼻头湿润、微凉，无鼻液等分泌物，不要选择花色鼻头。

● 牙齿咬合好，如果还没有顶出牙齿，说明月份太小，甚至未足3个月，牙龈粉红。

● 肛门周围无异物。

● 进行听力检查和嗅觉检查。可以使用玩具和宠物小食品，同时也可以观察其行为的协调性，四肢站立、跑动或坐卧无异常，可以适度抚摸狗狗身体，查看有无疼痛及其他病理反应。

（4）总体状况 精神状况良好，好动而喜欢嬉戏，食欲旺盛，充满活力，排便非软便、无拉稀现象，皮毛没有皮屑，有光泽，无皮肤病。

（5）接种疫苗 最好是选择做完完整防疫的哈士奇狗狗（这时大概哈士奇月龄已达3个月），许多乳牙还没有长齐的狗狗号称已经做完两针防疫的可能性不大。

七、“小哈”价格的差别

“小哈”的价格从上千元到数万元都有，在经济社会中，价格和价值有的时候是成正比的，相对而言，论“小哈”价格的高低并不一定十分精确，但中国经过了十余年宠物市场的发展，已经逐步形成了较为稳定的宠物价格格局。

选购自己想要的“小哈”，每个人都有自己心理能够承受的价位。寻求有信誉的正规犬舍，首先确保“小哈”是纯种犬。客户要选择的是哈士奇，并非“串串”，即使价位再低，带进家门的是个“小哈”的“串串”，也让人纠结。

其次，“小哈”的价格差异，主要是依据其“品质”的不同，并非纯种犬和“串串”的区别。

当前，随着人们生活水平的提高，饲养一只货真价实、自己喜爱的宠物，最好实事求是、多考察、多甄选，切忌盲目冲动。尤其是8周龄左右的小哈甚是可爱，俗话说：“冲动是魔鬼”，狗狗要伴随人十余年的时间，千万不能由于一时喜欢就做决定。

同时，既要考虑“经济能力”，还要考虑什么品质的“小哈”更适合自己。高品质的，无论是赛犬还是冠军犬，都是专业犬舍的主理人经过长期的摸索、研究、护理、训练，投入了大量的时间、精力、人力、物力才获得的荣誉和奖励。它们的后代自然要贵些，因为并非每一窝高品质公、母犬的后代都会“个个出类拔萃”，后天的养护和训导也非常重要。“物以稀为贵”的道理放到狗狗身上，价格必然有所不同。

狗狗的价格和犬舍经营管理的成本密不可分，由于专业犬舍规模大，赛犬多，比赛多，狗狗只数多，人员成本高，宣传和广告多，精力投入及护理要求多等因素，势必会影响其价格的差异。

温馨提示：以下因素不会影响“小哈”价格。

- “三把火”、“两把火”。
- 双蓝眼睛、鸳鸯眼睛（一只眼睛一个颜色）。
- 各种颜色。

八、“小哈”从哪里来

要获得一只喜爱的“小哈”，有很多种渠道，也会提出很多常见的问题。

Q：想到犬舍购买一只中意的哈士奇宝宝，那么多犬舍，怎么选择呢？

A：最好是选择专业繁殖哈士奇犬种的犬舍，某些小型犬舍或者是宠物市场会掺杂很多犬种一起销售，品质参差不齐，健康没有保证，也会出现谎报小哈年龄和防疫的情况。

可以通过网络、业内宠物杂志、哈士奇俱乐部、哈士奇单犬种QQ群等，了解各个犬舍的基本情况、口碑、哈士奇品质、价位等，最好初步选出二三家，并亲自前往考察。

Q：到犬舍看好狗，付钱就好了，其他的还用了解吗？

A：作为专业犬舍的领导和管理者，业内称为主理人，都是具有一定的繁育及养犬经验。除了个人多做一些“功课”外，与其多了解、多沟通更多的哈士奇犬种的情况，尤其是不同幼犬的差异，再决定心仪哪一只为好。

付款前，对于中意的这只哈士奇的血统、父系和母系的情况、出生情况、防疫情况、健康情况、性格特点和日常习惯等，都要进行详细的咨询，真正做到放心踏实。

Q：犬舍的环境及管理与要买的“小哈”有关系吗？

A：这是必需的。高品质的“小哈”，一定是高品质的专业犬舍繁育出来的。如果环境恶劣、服务素质很差、没有任何买卖狗狗的承诺，甚至于提出所谓的“保活价”（即要是狗狗能活是一个价格，拿回家后不能活是另外一个价格），这样的卖家还是马上放弃为好。

Q：到犬舍去选取“小哈”也要选择时间吗？

A：是的。如果客户希望选择品质较高的“小哈”，需要有时间的观念。常规来说，每年母犬会在春、秋两季发情，怀孕期2个月左右，如果我们想购买3个月左右的幼犬，一般在8、9、10月份（母犬春季怀孕）或者是2、3、4月份（母犬秋季怀孕）。这两个时段是一般犬舍大量繁育和销售幼犬的时候，所以选择余地比较大。

Q：到宠物交易市场购买狗狗要注意些什么？

A：有许多犬舍的门面房也设立在宠物交易市场中。正规的宠物交易市场，有一定的信誉度和管理要求，经过精心挑选，也可以选择到理想的“小哈”。

宠物交易市场的门市较多，同一品种可能有多家犬舍在做，便于比较和了解。但是，还是要以狗狗品质上的差别作为切入点，一味地比较价格，很快就会“头昏脑涨”。

在宠物交易市场中挑选幼犬，由于环境中犬舍密集、人流量大，是否能选出理想而健康的狗狗，要求我们不能过于盲动和草率。

宠物交易市场的摊位流动性较大，如果确定购买狗狗，选择知名度较高、信誉较好、口碑较好的犬舍为好。

Q：宠物店销售狗狗的情况怎么样？

A：如果犬舍不仅经营活体销售，还经营宠物店，可以到犬舍亲自看看“小哈”，以便选择。而如果宠物店只是在代卖或寄卖，最好先查验其是否具有经营资质和活体养殖的经验。

由于各地的法律法规差异，在宠物店是否允许经营范围内销售狗狗是存在不同解读的。如果对犬类的饲养、养殖、销售实行许可制度，未经许可，任何单位和个人不得饲养、养殖、销售犬类。如果宠物店要销售犬类，要咨询工商部门，是否要有工商营业执照和犬类销售许可证，如果养殖纯种犬，还需要犬类养殖许可证。

一部分宠物店在犬种销售的专业性上不及专业犬舍，幼犬的来源渠道不明确，尤其是犬只的品种多样，品质参差不齐，很难进行专业指导。

宠物店自养犬只繁殖的幼犬，价格较为便宜，经过细心挑选，也会有“惊喜”！毕竟选择的途径多，不能丢掉任何好机会！

Q：网络订购/购买宠物的情况和风险如何？

A：选择网络订购/购买宠物，低价格是吸引眼球的“法宝”，往往一只“小哈”，只需要普通价格的一半，有可能只有高品质价格的十分之一、甚至是几十分之一，就能够买到。

相对于幼犬低廉的价格以及运输成本并不高，网络订购/购买成为了相当需要选购“小哈”的客户的首选。如果对于口碑良好、专业运作、信誉度高的专业犬舍，在双方详细洽谈、确认的情况下，可以进行网购，往往这样的情况也会出现在购买多只狗狗的时候。如果只是随便选购一只，价格因素是第一位的，购买风险就会很大，尤其是“小哈”品质很难保证，即使是扣掉尾款，“既成事实”到了手中的狗狗情况难以预料。

另外，切勿通过几张幼犬照片、短暂视频，就选定某只狗狗，以防被调包。最好是让卖家将待选狗狗的各个角度进行拍照，编号后，以清晰图片的形式进行比较，并对交易的全程进行书面的记录和确认，甄选出的狗狗务必要做好标识，双方付款最好使用有第三方监督的付款方式，至于尾款付清也要双方书面确定。

一旦出现网购纠纷，最好及时搜集证据，并将狗狗第一时间退回，贻误时间，对狗狗会造成更大的伤害。

九、选“它”要深谙哈士奇的“思维”特点

哈士奇的出现与人类的生活息息相关，相伴时间已很久远，不仅是亲密无间，它曾经还协助人类劳作。现代社会，已经不用再拉雪橇的哈士奇，其主要的角色就是“宠物犬”。不过，多少年来形成的思维定势，并不能一下子从哈士奇的脑子里完全消退掉。

能够形成目前哈士奇的性格特征，离不开两方面的影响。一方面，人类利用哈士奇作为工作犬，使它具备亲和力、忍耐力、社会化和服从性，这些“教化”深藏在哈士奇的血液中，但必须要被激发出来才能显现；另一方面，远古时候哈士奇的闲来时间很多，群体生活使其对地位尊卑非常认同，松散懒怠的性子终会被地位更高的“头狗”所管束，并遵从于它，一旦缺失了“头领”管理，哈士奇自我主见的苗头便会很快滋生。

在一起生活的“家庭”，哈士奇会被看做是同一“部族”，在它脑子里想着谁是老大，就要听谁的。没有人管，它就会放纵不羁，欺负弱者。

从小到大，哈士奇的“思维”状态也会发生变化，但始终是生活在自己的“思维”中，评判做与不做也是由主观想法支配的，不能用人类的道德和价值观来设法对其进行改变。

深谙哈士奇的“思维”特点，有助于调整我们的行为方式，树立主人的身份、地位，有错必纠，要求一贯性、不溺爱、不责罚。这样做，不光是符合哈士奇的本性需求，更是能养好哈士奇的前提。

十、“它”不是我们的“私有财产”

每只哈士奇都会有固定的主人，但如果我们仅仅将其视为我们的“私有财产”，整天将其关在家中，像家中的沙发、电视、床具一样，避不见人，那只能说它最“合适”，而我们不适合“它”。

尽管我们能举出很多理由，寻找出各种借口，比如：

- 太忙了，哪里有时间带它外出……
- 它也不大，不需要太多的运动……
- 它只要和主人在一起就够了，外面很危险……
- 搞得身上脏乎乎地，清洁起来更麻烦……
- 它很聪明，屋内上厕所，遛狗的时间都省下了……
- 狗狗比主人还懒，就喜欢在窝里吃喝……

这样，哈士奇就变成了我们的“私有财产”，与世隔绝，我们也成为它生活的全部，家成为它生活的唯一世界。

这是我们的“福”？还是我们的“错”？

列举变为“宅狗”的“七宗错”！

- “宅狗”失掉了作为一只哈士奇理应接触大自然、接触同类的自由。
- “宅狗”会更加敏感、胆小、神经质，容易造成更多的精神负担和压力。
- “宅狗”减少了更多的运动，增添了更多的食物补充的机会，那生命在于什么了？
- “宅狗”会敌视所有除家人以外的人和同类，也同样得不到更多的交流机会、学习机会和奖励机会。
- “宅狗”长年的生活习惯会失掉更多自身的机能调节能力。
- “宅狗”在老年时，更易提早患上多种慢性病。
- “宅狗”使哈士奇只认识我们，而不认识外面的世界。

Part 3

知“它”有多少

人们对动物的了解还很不够。有人将“哈士奇当狼”来追捕的新闻也时有发生！这里就用科普常识的文字，来清除类似笑话的误判吧！

一、哈士奇的年龄

哈士奇的生理年龄和人的年龄换算：

幼年期（哈士奇年龄 / 人的年龄）

第3周 / 1岁，第6周 / 2岁，第7周 / 3岁，第3月 / 5岁，第6月 / 9岁，第7月 / 10岁。

稚龄期

第9月 / 13岁，第10月 / 15岁，第1年 / 17岁。

壮年期

第1年零6个月 / 20岁，第2年 / 23岁，第3年 / 28岁，第4年 / 32岁，第5年 / 36岁。

熟龄期

第6年 / 40岁，第7年 / 44岁，第8年 / 48岁，第9年 / 52岁，第10年 / 56岁。

老龄期

第11年 / 60岁，第12年 / 64岁，第13年 / 68岁。

高龄期

第14年 / 72岁，第15年 / 76岁，第16年 / 80岁，第17年 / 84岁，第18年 / 88岁。

超高龄期

第19年 / 92岁，第20年 / 96岁，第21年 / 100岁。

二、哈士奇的感觉器官

1. 嗅觉

哈士奇的嗅觉较人灵敏100万倍，嗅觉细胞的数量是人的30倍，加之鼻中复杂众多的褶皱，鼻头舔舐后湿凉，也可以接触到更多的空气味道。

哈士奇日常嗅觉不仅能分得清楚食物的不同，更是分辨得出不同的人。人有喜好，哈士奇通过嗅觉也有自己的判断。

虽然这是狗狗的天生“本领”，不过有的时候也会带来生活中的“问题”。哈士奇会更加喜欢气味较重、腥荤的食物，而天然做成的宠物食品就会被抛在一边；春、秋两季，遇到周围母犬发情，公犬往往嗅到后寝食难安、急躁难眠；为了占领地盘，闻到同类遗留的气味，也会加以“干涉”，影响环境……

尤其是哈士奇对户外的好奇心，较一般狗狗更加难以自持，跑丢的情况也时有发生，需要主人时刻当心，用牵引绳时时看护。

在公众场所，哈士奇到处嗅闻，对孩子、孕妇、不喜欢狗狗的人来说极易引来不悦，要改掉类似的“坏习惯”，静待靠在主人身边是十分重要的。

对于同类相遇时，见面打个招呼，也是通过闻嗅气味表达不同的情绪，如友善、畏惧、敌意、谦卑或服从等。

嗅觉是哈士奇的生存依靠，但到处嗅闻更会携带很多细菌回家，我们更不要与其口鼻有更多的亲密接触，无论如何，健康安全也是养宠必须遵守的法则。

PET CARNIVAL

2. 听觉

哈士奇的听觉能力是人类的6倍，能听到的距离是人的400倍，同时，可以分辨出声音的方向来自于哪里。它那直立的双耳可以前后左右转动，得到32个方向的判断，相比而言，人只能辨别16个方向的声音。

“小哈”刚来家中时，有个响动它就要跑过去看看，即使是熟悉了家中的一切，也对任何声音都闻“响”而动，这样的敏感，日久不控，如果还吠叫，那更让人烦躁！

要让“小哈”从小熟悉更多的环境、听到环境中不同的声响也不用反应亢奋，做出不当举动。胆子较小的哈士奇，更要多适应鞭炮、汽车发动、摩托车启动等杂音，防止惊慌乱跑，危及自身的生命安全。

在教育哈士奇改错的时候，更不能提及它的名字，切忌大喊大叫。名字是唤回和提示注意时使用的，利用狗狗的良好听觉，发送“指令”时，明确有力、字字清晰，哈士奇才能照章办事，判断正确。

3. 视觉

哈士奇视觉宽度有200° ~250° ，较人视野宽很多，这样保证了哈士奇在野外生存的基本条件。然而其视力不佳，20~30米还能看清楚，百米以外的静态物体便呈现模糊。

由于“近视”的特性让我们一时不太适应，尤其是在户外，和狗狗拉大距离，感觉上不易相互照应。一方面，无论如何不能放任哈士奇离开太远；另一方面，使用牵引绳，能够及时制止由于哈士奇视觉差错出现意外，如在河边、海边、山道旁、沼泽区等地。

哈士奇是二元色视者，分辨的只有黑白两色，对光和运动的物体更加敏感，但对于景物细节很难捕捉全面。尤其是在陌生环境中，复杂的颜色呈现纷乱的影像，更易使哈士奇心绪不安和焦虑，我们要多多呵护。

4. 味觉

狗狗进食往往都是狼吞虎咽，不认真咀嚼。哈士奇是靠“嗅觉来辨别食物的，不是靠味觉来吃东西的。”更确切地说，是靠嗅觉和味觉的双重作用来进食的。

无论是宠物主粮还是其他食物，哈士奇多数是依据嗅觉来吃，人们会将它“吃与不吃”作为“好与不好吃”的代名词，只要是它吃的才是好的，而是否适合它就管不了那么多了。

为了促进哈士奇进食，类似诱味剂等添加剂加入到食物中，虽然能使哈士奇吃得香，但是，较之天然食物更加吸引嗅觉，并觉得真正的营养和天然食材“索然无味”，一走了之。

一切情绪表露无遗！

PET CARNIVAL

三、哈士奇的行为特点

1. 情绪表露的特征

高兴的表现：尾巴摇摆、腰肢扭动、轻声欢叫、围着跑动、眼中喜悦；
害怕的表现：夹尾发抖、低头缩脑、回避眼神、故意躲闪、眼中恐惧；
愤怒的表现：被毛直立、降低身体、牙齿外露、僵直踩地、眼中放狠；
警觉的表现：头部高抬、神情凝重、双耳竖起、左顾右盼、眼中警惕；
痛苦的表现：低头不安、声响沉闷、身体收缩、尾部下垂、眼中不安；
好奇的表现：围转不停、到处嗅闻、警惕试探、摇动尾巴、眼中探究。

2. 行为习惯

（1）埋藏和收捡物品 哈士奇会将喜欢的食物，捡来的东西统统拿回家，藏在自己的窝里，或者是不易找到的犄角旮旯中。

（2）到处留“味” 公犬在日常习惯运动区域，尤其是母犬出没的地方，实实在在地留下自己的“印记”。

（3）等级差别 群体生活的哈士奇尊崇主从关系，家庭中等级差别会对其良好习惯的养成产生关键作用。

（4）适应环境 频繁地更换环境会引起哈士奇的不安和焦虑，一般需要10天的时间，它的心绪才能较为平和和安定。

（5）自由探寻 不仅是在陌生的环境中，就是在生活的周边，哈士奇都会闲来溜达，也不管是否主人离自己多远，往往又忘记了回去的路，这是十分可怕的事情，常常它就是这样跑丢的！甚至由于家中大门未关，哈士奇自己跑出去的情况也常有，在春、秋两季，母犬发情时，严格的看护至关重要。

PET CARNIVAL

（6）招呼禁忌 和哈士奇打招呼的陌生人，一般它会较警惕；上来就用手摸身体的，一般都会比较抗拒。最好是俯下身或者蹲下身，先用手背让哈士奇闻一闻，得到允许后，可以摸摸头部，但颈部、身体、尾部、臀部较为敏感，不了解的情况下最好禁止。

（7）忘性不小 一次一次地教授，一点一点地提高，多重复、多鼓励，不责备、不大声，哈士奇忘记的“训练”内容，确实需要我们耐心重来、不厌其烦。

（8）积极运动 运动不仅是利于身体健康，也是哈士奇的习惯。不能让哈士奇的运动停留在每天的例行遛狗，辅助一些互动的游戏和简单的训练内容，可以让运动更加赋予乐趣。

四、哈士奇的声音解读

PET CARNIVAL

狗狗的叫声大概有170种，不只哈士奇会狼叫，许多狗狗都会狼叫，叫声是狗狗表达情感、传递信息、自娱自乐、相互交流等都会发出的，不同频率，不同高低。

- 不间断地吠叫——孤独的我，没有人理？
- 不停地尖叫——突然的恐惧和痛苦，救救我！
- 低音调，类似咆哮地吠叫——提出警告，小心点了！
- 中调的咆哮，不露牙齿地吠叫——来玩吧，我准备好了！

如果发现哈士奇吠叫不止，显得焦躁不安，一定要及时观察，以防不测。针对哈士奇出现吠叫情况，也可以采取补救措施予以纠正：

- 用各种方式，对哈士奇敏感的事情采取习惯性训练，从而降低对类似事件的反应。
- 降低食物中蛋白质的数量，可能有益于哈士奇对领地、对同类占有的行为，从而减少吠叫的次数。

● 降低敏感度和对抗条件反射作用，会帮助性情胆小的哈士奇排除因为恐惧而产生的吠叫。

● 给予哈士奇多一些陪伴，消除孤独感，适当的运动也有助于其适应周边环境。

● 服从性训练，有利于及时制止哈士奇的吠叫，或抑制其兴奋时不停地吠叫。

● 适当地使用止吠项圈，也能适度控制其吠叫。

对于极少数哈士奇吠叫的行为，主人不能急躁和强暴制止，站在狗狗的角度，要养成减少吠叫的习惯不是一次训斥、一次训练就能解决的。不过，很多主人不忍心及时制止狗狗吠叫，也不采取措施，长此以往势必让狗狗认为肆意吠叫无所谓，可以不分场合、不分对象地宣泄。

并非吠叫都具有攻击性，高音调或高音量显示出一种受挫的无奈或亢奋；低吼带有攻击性，同时身体也会放低，呈现攻击的姿态。

五、哈士奇犬的“失格”

任何一个犬种的狗狗对于“失格”的界定，通俗地讲就是作为纯种犬失去了参加正规犬赛的资格。这样失格的纯种犬，也可以参加犬的敏捷性比赛或服从性比赛。

任何一只“混血犬”（或者说是串串），不能称之为纯种犬，也就不具备失格的意义。

在针对哈士奇犬的犬种标准（如AKC标准）中，通常在最后一项列出失格（或者是“缺陷”）的详细解释，例如：

"失格"
我们照样生活
得很快乐！

● 任何与标准背离均视为缺陷，其缺陷程度严格地与其等级成比例。

● 头部：

头骨：笨或沉重，轮廓过于明显；口吻：口鼻过长或过于粗糙，过短或过长；牙/颌：除剪咬合之外的其他咬合；眼：位置斜，位置过于近。

● 身体：公犬超过23.5英寸（60厘米），母犬超过22英寸（56厘米）。

颈：过短或过粗、过长；背：弱或向后斜，向拱起，背线斜；胸：过宽，桶状胸； 肋：过平或弱；尾：尾紧卷，羽毛状，位置过高或过低；肩：直、松。公犬应生就两个明显正常的、完全置于阴囊的睾丸。

● 四肢：

前躯：胶骨弱，骨过沉，前面过窄或过宽，肘外翻；脚：趾软或张开，爪过大或笨重，爪过小且弱，趾外翻或内翻。

● 步态/运动：短、阔步、颠，笨拙或摇摆，交叉或横向。

● 被毛：长、粗、蓬松；质地过粗或过细；进行了不允许的修理。

如果已经判定狗狗是失格犬，最重要的一点是要避免继续繁育。对于繁育犬只来说，改良纯种犬的品质和健康状况，不能忽视失格犬的问题。

尽管并非要求每一位饲养哈士奇犬的客户，都作为具有繁育者的专业知识，但了解狗狗的自身情况，尤其是对可能要选择的狗狗是否存在失格，可以对其价值和价格进行较为准确的判断。

虽然多数情况下，我们带回家的哈士奇不会参加正规犬赛，也不会参加敏捷性和服从性比赛。但如果自己家的狗狗确实存在失格的状况，最好不要进行繁育。

是否存在失格，并不意味着判定这只哈士奇的“全部”，它仍然是一只纯种犬，仍然是一只我们身边的优秀的伴侣犬和爱宠，不要因此而歧视它、贬低它，它是“无辜”的，我们更要给予更多的关照和护理，尽我们的全力，让它快乐和幸福，这不仅是我们的责任，更是它的需要。

Part 4

为"它"而备

"小哈"即将进入你的新家，陪伴你开始充满新奇、快乐的幸福生活。家里犹如多了一个"小宝宝"，衣、食、住、行、玩，一些小麻烦与烦恼蜂拥出现。"有备而来"就不会临阵慌忙了。

“小哈”还没有进入家门之前，要对有宠的新生活做好规划。根据家中成员的情况、居室大小、工作和生活安排，尽可能多地做些迎接“小哈”的准备。

这毕竟是要十来年一起生活的爱宠，它们吃、穿、住、用、行等各方面都要准备好，也不是一件简单的事情，是需要长期坚持形成规律。

为了“小哈”的到来，我们会考虑很久，该做什么？该准备什么？它不会说话、不会表达，环境陌生，人群不熟悉，这实在是一个挑战，对狗狗也是一个“考验”。

一、“小鬼”不能“当家”

“小哈”进门，家里就多了一个宝贝，但它看起来更多像个孩子，懵懂无知，什么最重要？安全、健康是头等大事！

1. 该收起的几类物品

● ***易咬类*** 各式各样的鞋子、摩丝发胶瓶子；放置在茶几、低柜处的各种零食，并用封口袋密封。地毯、桌椅、沙发上的靠垫，遮挡物品的布帘和卫生纸等。

● ***有毒类*** 避免种植万年青、粗肋草、戴粉叶、马铃薯、苏铁、水仙、文殊兰、夹竹桃、牵牛花、喇叭花、杜鹃、葱兰、韭兰、极乐鸟、茉莉、蓖麻子、曼陀罗、龙舌兰、蘑菇等植物；清洁剂、消毒剂、洗衣粉、香皂等。

● ***危险类*** 电线、电源插座、遥控器、打火机、首饰、手机、充电器等不放置在低处或地上。

● ***易毁类*** 放好笔记本、玻璃制品、鱼缸、暖水瓶、花盆等。

● ***垃圾类*** 收起残羹剩饭、过期杂志、卫生纸、报纸或空罐头、饮料瓶，倾倒垃圾桶、废纸篓等。

2. 该收拾的几个地方

● 将家具下部空隙全部封闭。

● 包裹家具边缘的边角，防止成为磨牙玩具。使用防撞桌角，防止意外磕碰。

● 感觉一下家中的地板是否过于光滑，不然极易造成狗狗扭伤或造成腿部发育问题。

● 关闭家中所有柜门：书柜、衣柜、鞋柜、酒柜、药柜、冰柜、食品柜、储藏柜等。

二、小哈“当家”问题多多

“小哈”进入家门时，我们会手忙脚乱，忙于应付各种“突发”事件，怎么能面对问题从容冷静、有序处置？

● ***准备笼具和窝垫*** 小哈既需要有笼具又需要有窝垫。笼具是必需的，但别将笼具当作狗狗的卧室、卫生间，将垫子、食盆、水具、尿垫等等一股脑地放进笼具。别忘了，笼具只能作为小哈的“家”，只是它休息睡觉的地方哦！窝垫温暖而舒适，幼犬每日要睡10多个小时，当然少不了用上。

● ***不要打扰它的美梦*** 将小哈安置在不易被打扰的位置，刚进家门不要没完没了地和它嬉戏，时间还长着呢，现在的小哈需要攒足精神，尽快适应环境。

● ***到处溜达没好处*** 各位家长都很喜欢，带着小哈到家中的各处转转，或者让小哈自己到处溜达。这无形中认同了它“占领地盘”的“企图”。因此，让小哈先熟悉自己的“地盘”，而对家人的卧室、厨房等，要让小哈知道“止步”。

● ***开始用名字叫它*** 小哈熟悉自己的名字需要几天的时间，叫名字能让它有归属感，同时通过叫名字也可以让它及时到我们身边，也是一种“唤回”的训练。给予一些鼓励和爱抚，让小哈不会因为换环境感到失落。

● ***让它多一些自己的时间*** 准备一些玩具、少量适合它的宠物咬胶和小食品，从一开始就让它学会自己消磨时间。过多地关注，尤其是有些响动就去照应，会让小哈出现依赖和备受亲热的感觉。

● ***用叫声吸引我们的注意力是徒劳的*** 保证饮水和定点喂食，可以保证小哈的需要。小哈总是想方设法地引起我们的注意，也总想待在我们身边。叫声，有可能传达出小哈的不安和期待，但最好的应对是不要搭理它，适应几天后，小哈觉得“无功而返”也就不会随便吠叫了。

● ***及时发现啃咬不该吃的食物和用品*** 由于年龄的原因，小哈还不能分辨出该吃和不该吃的食物和“东东”，随便啃咬吞噬的后果更加严重！

● ***保持狗狗身体清洁*** 打翻水盆、粘上尿液的事情出现后，及时用吹风机将小哈身体吹干，可以用半干的湿毛巾擦拭，对皮毛进行清理和消毒。

● ***不要洗澡*** 刚刚回家，尤其是没有做完完整防疫的小哈，不要着急洗澡，换了环境会让它产生应激反应，抵抗力降低。可以使用宠物干洗粉简单处理，刚回家就生病，最得不偿失！

● ***不要着急遛犬*** 等待完整防疫过后，宠物完全健康再遛犬。过早遛犬，不懂事的小哈会到处嗅闻、舔舐，也会接触其他不了解的狗狗，带菌的机会很多。三个半月以上的小哈，体质增强，也适应了变换的环境，这样遛犬更安心。

三、如何应对小哈“便便”

这是让所有家人头疼的事情。小哈每天会小便数次，大便4～5次，若没有及时清理干净，常常搞得家中“臭味熏天”。

很多家庭都会使用带托盘的笼具，这样可以将尿液和便便漏下。虽然这样的办法能够最大程度上保持狗狗身体卫生，冲洗托盘的环节也比较便利操作，但是小哈会认为笼具是可以上厕所的地方，失掉了“家”的感觉。

小哈的天性是不会在生活区域内排便，所以使用报纸、尿垫铺垫或者是狗厕所，并非很难掌握。每日及时清理3～4次，家中的气味就不会太重了。

定点家中“方便”，不光是对于小哈，到了成犬以后，也是非常好的习惯。

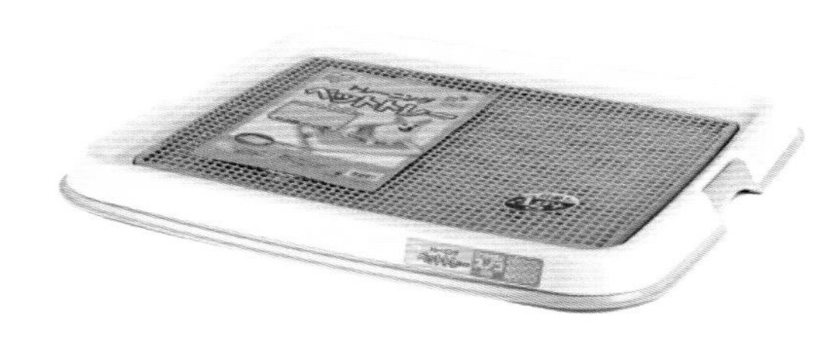

四、留守在家

让小哈独自留在家中，要安排好睡觉休息的笼具和窝垫、尿垫、报纸或狗厕所，充足的饮水、宠物玩具，还有一点咬胶。

最好让小哈能有活动的空间，但又不要接触到“危险物品”、不该啃咬的家具、易碎的物品。

早上给小哈喂食后，很快它就要便便，所以收拾干净后再出门，可以减少一次污染空气的机会。主人晚上回家，先将白天遗留的污迹、便便清除，同样先喂小哈，错开和我们的吃饭时间。睡觉前再做一次。如果小哈已经懂得在报纸、尿垫或狗厕所定点“便便”，这将是非常令人高兴的事情，放心，只要坚持，我们的小哈一定能做到！

为了避免家中被小哈搞得“天翻地覆”，任何物品必须让它碰也碰不到，咬也咬不着！任何机会被它抓到，后果都很严重！千万不要可怜它，家中无人的时候让它独自在家里闲逛，这就休怪它嘴上“无德”了！狗狗没有错，错的是我们的判断！

当然，一旦出现小哈的“不轨行为”，不要责骂、不要咆哮，安静地收拾一切，杜绝再犯，仅此而已。为了缓解小哈的过剩精力，可以在完全健康的情况下，适当地运动。任何惩罚，对小哈不过是“过眼烟云”，我们也犯不上生气和纠结。

良好的习惯，在小哈幼年时开始培养，会让我们受益匪浅；若不及时调整坏毛病，应该说，“苦难的日子”将继续延续！

“留家小哈”心情同样不快乐，
没办法，慢慢养成习惯吧！

五、树立良好“家风”

不要认为小哈在家就可以随便占地，从它第一天进家门就要让狗狗明白，有些地方进入是危险的，主人的主卧应该避免成为它的“主卧”。沙发是主人休息的地方，不可平起平坐。厨房会存在安全隐患，不是应该经常光顾的地方。储藏室等隐蔽房间时刻保持关闭，阳台一旦关闭不严，也会让好奇的小哈搞得七零八落。

家门是不能随便让小哈外出的，只有主人带领下，才能出去。如果日常小哈企图往门外跑，要严厉制止，并只有将牵引绳系好后，主人先出门，狗狗才能跟着走。

家中允许的情况下，设立一些围挡或小木门，将小哈阻挡在不该去的区域，习惯成自然，即便是成年后的哈士奇，也会自觉遵从。

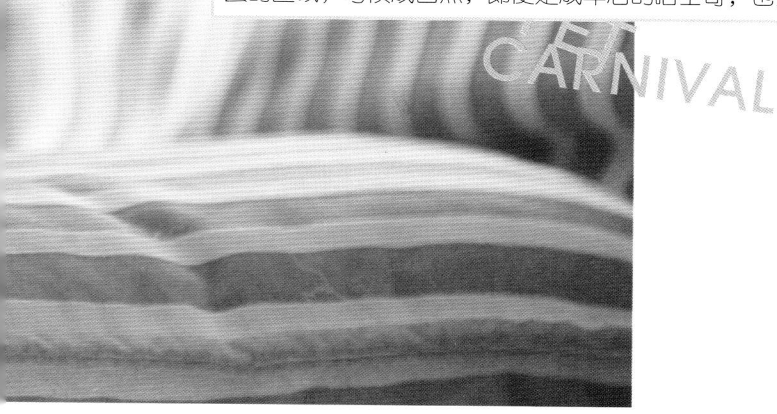

六、牢记小哈在家七件事

1. 笼具检查不可少

笼具大小不要一步到位，有的家里，在小哈进门的第一天就准备一个成年以后都可以使用的大笼子，这样会让它无所适从。尤其是铁质、不锈钢材质的笼具会有很大的铁丝、铁管、不锈钢管的缝隙，小哈的脚一旦蹩在里面，努力地挣脱反倒会造成更大的伤害。最初使用树脂、硬塑材质笼子会更加安全。

随着小哈的成长，将笼具再逐步变大，适当地空间会给小哈带来安全感。

2. 饮食饲喂讲科学

30日龄以上的小哈已经可以进食犬粮了。如果牙齿发育较晚，干粮可用温水稍加泡软，待牙齿已经顶出，完全换为干粮。注意狗狗饮食禁忌，同样适用于小哈。饮食应少食多餐、定时定量，尤其是给予发育需要的足够犬粮，只要不腹泻，不必以“节食”期望体形苗条，否则会造成营养不良。更换幼犬主粮，每次更换1/10，10天时间完全更换，避免肠胃不适。并非小哈喜欢吃什么，就给什么，要从小教育它不乞食。

小哈的成长发育离不开丰富的营养，营养缺乏势必会造成免疫力低下。营养的充分吸收，要遵行少食多餐，7周龄以内，以母乳为主；7～12周龄，每日喂3～4次，可以使用专业宠物奶粉配合中型犬幼犬粮，泡软后进食；12周龄至6个月，每日三餐，选择高品质中型犬幼犬粮，并适量增加补钙和维生素类等营养品；6～12个月，配合小哈高速发育成长，保证蛋白质的摄入。

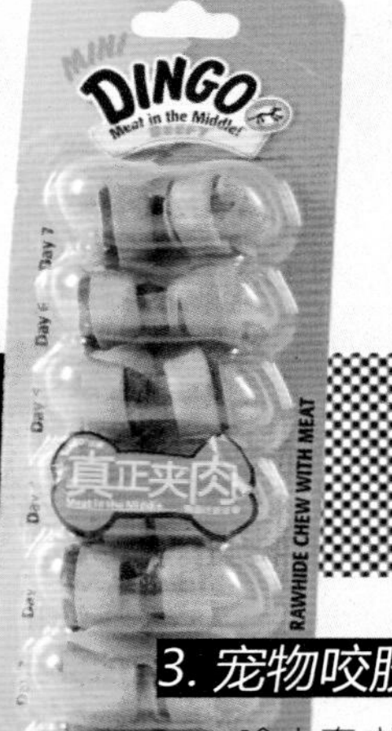

PET CARNIVAL

3. 宠物咬胶很重要

哈士奇成长过程中，人们总有一个观念，多准备一些动物骨头，类似猪骨头、牛骨头、各类棒骨，想让小哈磨磨牙，增加营养，再喝些骨头汤，让它快快成长。

但是，这样的"关怀"没有必要。用动物骨头帮助小哈磨牙，当将骨头咬碎后，会将骨头残渣吞咽下去，尖利的碎骨可能划破它的口腔或者刺伤内脏器官。

狗狗吞咽式地进食，不咀嚼，有的动物骨头也会卡住小哈的嗓子。卡住嗓子的狗狗也很难配合进行治疗，与其如此，不如防患于未然。

小哈的换牙期从4个月左右开始，要延续数月，根据其现实情况，选择不同材质的狗咬胶可以最大程度上减少它对家中物品的破坏。同时，咬胶的添加剂也可以补充一些微量元素和钙质，一举多得，每天都可以适量食用。

4. 清洁身体要适度

小哈的两层被毛不易吹干，吹风机、吹水机的声音让胆小的狗狗不停地嚎叫和挣扎，经常是自然晾干。日久天长，不仅容易造成皮毛打结，更会患上皮肤病。

幼年哈士奇的健康相比清洁更加重要，尤其处于3～5个月期间，环境变化大，季节更替，也刚刚做完免疫，一切都需要少刺激、少产生应激反应。

一旦出现身体不适，切勿私自用药或寻求偏方，要到正规动物医院化验检查，确诊后治疗。

5. 留出尽可能多的时间陪小哈

相伴既包括照顾小哈吃喝拉撒的时间，玩耍、遛犬，还要有抚摸、拥抱、接触的时间。同时，能让狗狗与更多的陌生人、朋友往来，强化它的“社交能力”，争做一只人见人爱的好狗狗。

小哈从小好好护理，保证健康成长，并且循循善诱地进行训练，会培养出良好的性格和涵养，这些都需要花费时间。

小哈经过几个月的时间，个头就会迅速增长，不要整天把它关在家中，带出去几分钟遛个弯，对它的健康成长影响很大，陪伴它运动的时间一定要有保证。

家中成员最好轮流陪伴小哈，而不要由专人负责。养一只爱宠，是整个家庭的义务和责任，和培养一个孩子差不多。做到人人都爱它，人人能管它，小哈的成长才是快乐而健康的。

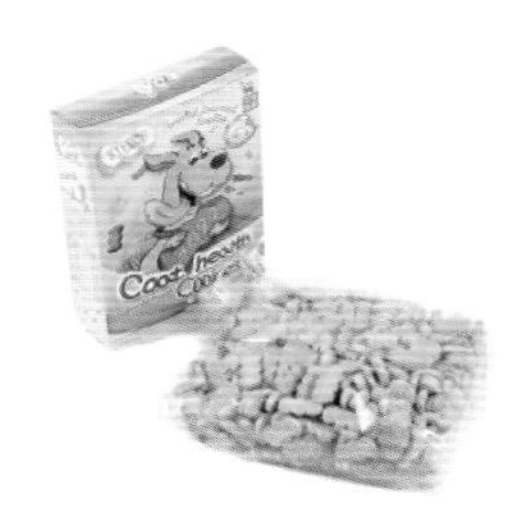

6. 多了解自家小哈的喜好

了解小哈喜欢家中的哪个人、喜欢的食物、喜欢的玩具、喜欢的地方都是什么，了解一些喜好的过程，也有助于它的社会化进程，以鼓励、夸赞为主，小哈会越来越懂事，用它“喜欢的”作为前提，更能让它知道，做好了，才能得到喜欢的东西。

小哈喜欢得到家长的鼓励和爱抚，当然也可以接受主人的指导和教育，对于我们的反复纠正和耐心调教，不会抵触和反抗。所以，看到小哈慢慢成长，会让我们无比欣喜，不要因为一点小事，将它带来的快乐全部否定，不要因为它的懵懂无知，就给予冷漠和排斥！

7. 保护好小哈的肠胃

小哈从小最好食用中型犬或中大型犬的专业宠物幼犬主粮，其蛋白质和脂肪含量都较高。选取更多的优质、天然食材，加之一些微量元素和钙质，会对幼犬的成长有益。哈士奇的肠胃敏感，每日观察狗狗的粪便，合适膳食，不随便饲喂人吃的食物。

PET CAR

七、算好饲养小哈的经济账

哈士奇犬属于中型犬，根据主人的经济情况，消费支出大致有以下几个方面：

1. 主粮+湿粮

给哈士奇选择哪一种宠物主粮，主要是根据家庭的经济情况酌定。这是一项爱宠的主要支出，也关系到哈士奇的健康成长，尤其是在幼年期，多种营养和科学搭配，才能保证其良好体质和健全的身体素质。

市场上常见的宠物主粮包括国产的、合资的、进口的；销售渠道主要有宠物行业店（包括宠物店、动物医院、诊所等）、网络电子商务、农贸市场（宠物商品零散销售点）等；宠物主粮市场商业粮居多、天然粮目前比例还不是很大；宠物主粮也会根据配方不同，有各种口味、适用于不同体型大小、功能效果等区分。

哈士奇较同样体型的犬只，进食量并不大，当然越大包装的主粮越经济。不过，宠物主粮拆封后最好在40天内食用，所以先计量一下每个月的用量，随着小哈慢慢长大，再选择更大包装的。

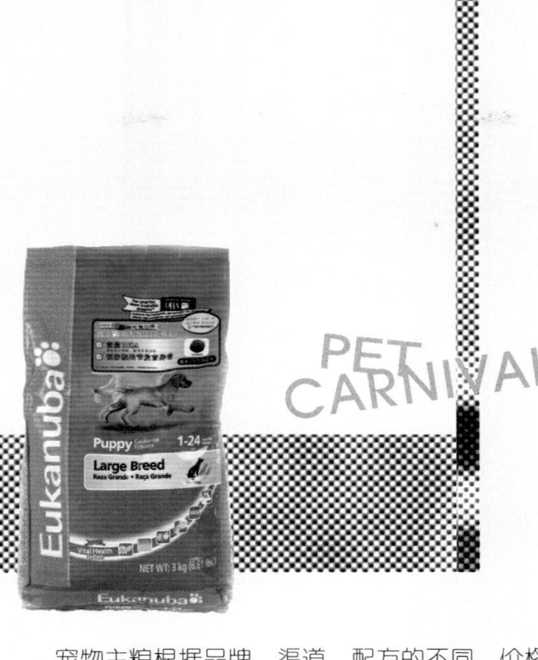

宠物主粮根据品牌、渠道、配方的不同，价格差距很大，近几年来也出现了同一品牌、规格几次上调价格的情况，让养宠的人感觉养宠的“负担”。所以只选对的，不选贵的；可以在一定时期内选用同一品牌和类型，也可以两个品牌和类型的混搭，但并非哈士奇爱吃的就是“正确”的选择，考察宠物主粮的品质和性能价格比是关键。

慎选低价宠物主粮、散装犬粮、保存条件或包装有破损的犬粮、临界保质期的犬粮。千万不要贪图便宜，损害了哈士奇的身体。

湿粮如含水分的肉类或蔬菜包装的袋装犬粮、罐头等，合计下来开销不小，长期食用湿粮，狗狗也会不再吃主粮了，作为犬粮的调味品，还是科学饲喂为好。

将湿粮和主粮混合起来饲喂，哈士奇也会机智地挑出“干货”，有些时候，更会将食盆搞翻，向我们表示不满！

吃饭之事对于哈士奇来说，是非常重要的事情之一，要科学合理，营养均衡，又要将钱花在刀刃上。

2. 零食+咬胶

宠物零食以肉干为主，最好只作为哈士奇训练时奖赏之用，日常不喂或少喂。肉干和宠物主粮、湿粮都要算做是每日的饮食量，所以肉干所占比例大，直接影响哈士奇再对宠物主粮的兴趣。

宠物咬胶既可以让狗狗磨牙，保持口腔卫生，又可以消磨时光，防止无所事事，是哈士奇日常必备的健康食物。

市场上，零食、咬胶的种类繁多、品质也参差不齐，最好选择正规渠道、专业单位销售的产品。注意品牌、厂家、营养配比、保质期、包装情况，对于“三无”产品一定要谨慎购买。贪图一些便宜，让哈士奇吃没有保证的食品也会对其健康不利。

哈士奇的肠胃功能较弱，选择宠物零食最好以优质蛋白质的肉干为主，选择易消化的鸡肉，少色素、防腐剂、添加剂的，开封后即食，选择可封口的包装；宠物咬胶中，类似不易消化的牛皮结骨、压骨等要少食；选择质量高的耐咬咬胶，大小情况根据哈士奇体型，每日1~2个即可。

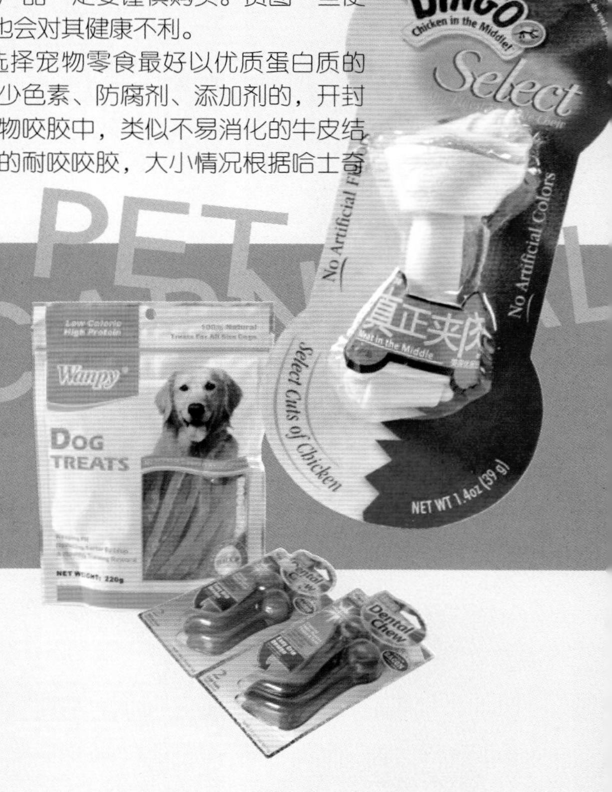

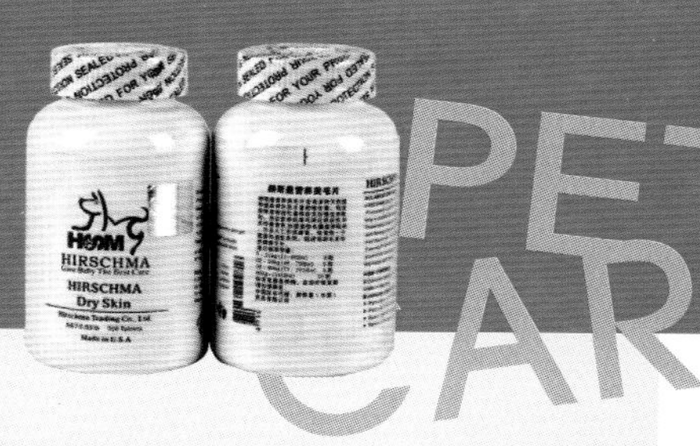

3. 营养品

适度补充一些维生素类、钙质、美毛产品，有益于哈士奇的发育成长，但千万不可过量或过于追求价廉，此类产品吸收是关键，不在于越多越好。

幼年时期，哈士奇的体型成长迅速，对能量和营养的需求旺盛，除了专业犬粮外，补充适当适量的营养品，会让幼犬更加健康地成长。面对多种多样的品牌，可以通过专业杂志、网络论坛、养宠群体获得更多的资讯，“只选对的，不选贵的”，给哈士奇的发育打下良好的基础。

成年时期，为了让哈士奇的骨骼更加强壮、被毛更加健康，有些功能性营养品，例如补钙、美毛的宠物产品，都可以更好地辅助哈士奇获得营养。不过营养品在成年后，不宜当零食一样每天都吃，最好是食用一段时间、停一段时间，使营养物质更好地吸收。

老年时期，哈士奇的体质和体力都不同程度地下降，可以选用易于吸收的营养品，定期去动物医院进行身体检查，并咨询专业的宠物医师进行调理。

4. 宠物玩具

为哈士奇选择宠物玩具，不要选择含有填充物的毛绒玩具，容易被它撕扯咬开，既不经济也不耐用。

幼犬时期，小哈要经历换牙阶段，所以宠物玩具要耐撕扯、耐咬噬、好清洁。成犬时期，可以选择一些互动性强、有助于训练的玩具，进一步开发哈士奇的智力，增强与主人的互动和沟通。

在家时，给一些零食玩具，吸引哈士奇，光是啃咬，它很容易厌倦。宠物玩具不一定一次性购买很多，常买常新，在与哈士奇训练时用，也可以作为一种奖赏，陪伴狗狗“自娱自乐”也是不错的选择。

不要只选择一两类宠物玩具，多换一些类型，哈士奇除了吃的需求，还有玩的需求呀。

哈士奇的玩具要定期清洁消毒，用过一段时间的要丢弃。即使是家中不用的物品，如拖鞋、橡胶制品等，都不允许哈士奇用来玩耍，一旦发现要及时制止。

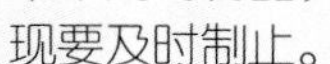

5. 洗澡和护理

哈士奇的内层底毛被外层硬毛覆盖，较为服帖不蓬松，洗澡前的梳理工作经常被忽视，所以往往都是直接下水洗了。

先用手感觉哈士奇耳后、胸前、腹部两侧、四肢内侧的底毛是否有毛结，以及毛结的大小程度。准备针梳、柄梳、排梳，将毛结打散、梳通、梳透，切勿直接用剪刀剪，极易划伤皮肤。实在处理不了，可以让宠物店或宠物造型的专业店来处置。最好养成每天梳理被毛的习惯，尤其是将底毛梳蓬松，就不易打结，这样洗澡前的准备工作将非常顺利。

若在家操作，备好宠物专业浴液、吸水毛巾、吹风机、毛巾、梳毛工具就可以了。浴液的价格差距比较大，可以征询专业人士进行选择，吹风机的热风不要过高，使用宠物专业吹风机也可以。

哈士奇的双层毛在不同的季节会呈现不同的状态。在换毛季节，吹风过程中，屋子里会“到处飘雪”，功力不大的吹风机、吹水机，吹风时间会更长。若体力不好的人经历几次，也会不情愿完全吹干后再中止，经常搞个半干，草草了事。

哈士奇洗澡的价格会比小型的长毛犬贵一些，天长日久，也是一笔不小的消费。不同的宠物洗澡、美容场所，如宠物店、宠物美容造型中心，都会有价格的差异。最好自带宠物浴液、宠物工具和吸水毛巾，不和公共场所的混用。

除了为哈士奇洗澡，梳毛、挤肛门腺、掏耳朵、剪指甲、剃脚底毛一般也是基本的服务。目前还有宠物的SPA，对哈士奇的皮毛进行深层护理，少静电、更顺滑，还哈士奇整体更好的体貌效果。

这样，即使是在家洗澡后，也要购买洗耳水、棉签、指甲剪、止血粉、耳毛粉、剪刀、电动小电剪等常备的宠物专用物品。

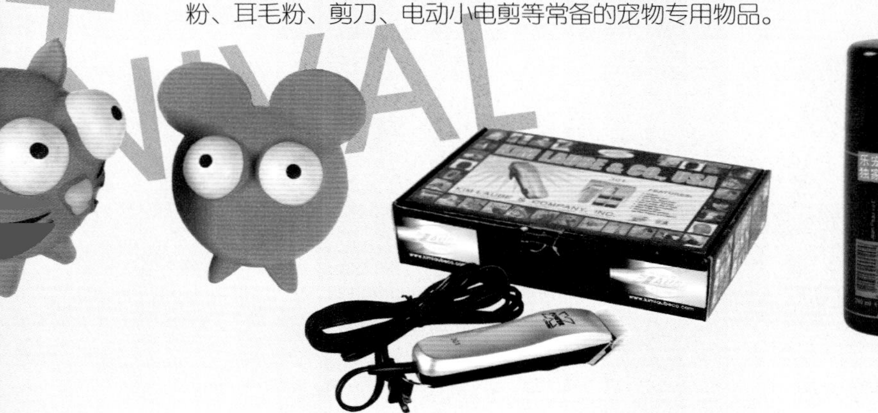

6. 防疫、驱虫和预防

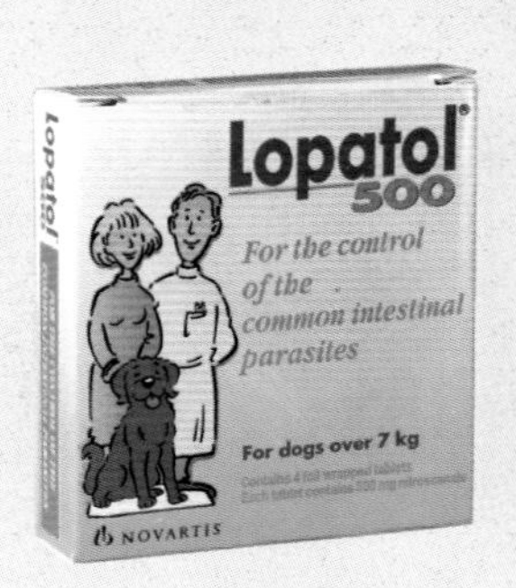

每年的防疫如犬联苗+狂犬疫苗，三个月到半年需要进行体内驱虫，夏天或外出游玩需要防止体外寄生，还有预防耳道、眼睛、肛门腺炎症、治疗皮炎等的开销。

只有日常耐心、细心地观察自己的狗狗，就会及时发现它身体的健康问题，越是尽早治疗，也就越能够尽早康复，节省诊疗的费用，预防毕竟比治疗重要很多。

7. 户口办理费用

根据当地政府对养犬政策的不同，每年都需要缴纳一定金额的犬只“户口”费用。

8. 相关诊疗费用

哈士奇难免会有个头疼脑热，感冒发烧咳嗽，有些时候涉及皮肤病、肠胃消化道问题等，都会增加各种宠物诊疗费用开支。

另外，家中最好准备一个适合外出的宠物航空箱，无论是放到车里，还是临时放置哈士奇，都会更加便利和安全，多备一条牵引绳，也是为了不时之需。外出携带的旅行水壶、便携式食盆、宠物专业湿纸巾、尿垫、信息筒、反光背心等，都有准备的必要。

针对宠物消费，最好建立一个简单的记录单。但无论如何，养好一只狗狗，会在很多地方进行开支，我们可以选择适合自身经济条件的消费，而不必求贵、求多和求全。

Part 5

与“它”相伴

与宠物为友，就如我们生活中迎客交友一样。但“它”是位与我们语言不通、小脾气多多的“小大人”。要学习“狗言狗语”和“狗狗心理学”才能与它们打交道，相处十几年不易啊！这是门独特而有趣的学问，精通不易，入门不难！

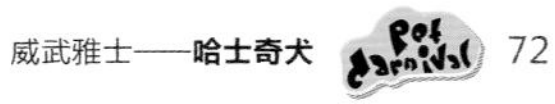
Pet Carnival

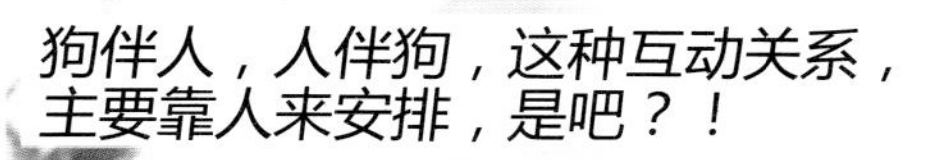
狗伴人，人伴狗，这种互动关系，
主要靠人来安排，是吧？！

一、和谐的家庭与“它”相伴

喜欢哈士奇的人既有个性又追求时尚，但养一只哈士奇多半会涉及家庭的其他成员。同时，这十余年的时间不长也不短，家庭中也会有不少变化，归根到底，既然养了就不要丢弃，不要嫌弃它，这是哈士奇的幸运，也是我们的义务和责任。

家中多一只小型犬，对家庭生活的影响并非太大，而出现一只哈士奇，一点没影响也是不现实的。有的时候会是一时兴起开始养狗，几天就烦了；幼犬的啃咬、便便、吠叫、味道让人身心疲惫；家里要是有不喜欢狗狗，或者整日因为狗狗担惊受怕的人，恐怕每天连家里的空气都会特别“焦灼”。

在养宠前，多一些对哈士奇的了解，倾听一些有经验的犬友的想法，考虑经济负担和居家空间，和家人商量一下，对邻里间养狗的事情有个照应……

远离哈士奇，有的时候是一种无奈，但确实有“原因”，也要忍痛割爱！

1. 洁癖的人

有洁癖的人，应该和狗狗无缘。主要原因是，无论狗狗收拾得多干净，总会觉得家里脏脏的。即使狗狗进了家门，也会横挑鼻子竖挑眼的，这样狗狗离开也不是、不离开也不是，非常纠结。

2. 没有时间顾家的人

即使是单身一个，家中有了哈士奇，也需要每天回家，毕竟要照顾它的起居。尤其是幼犬阶段，陪它的时间更是要多些。尽管现在的宠物犬都能够“宅”在家中，但遛犬、运动也不是它自己能够完成的。

3. 天生怕狗狗的人

家庭成员中，如果有怕狗狗的人，是很难被说服让狗狗与其同一屋檐下，尤其是哈士奇很喜欢和所有人保持亲密的感觉，甚至与主人主动地“示好”，往往让害怕狗狗的人处于惊恐和不安之中。

4. 喜欢安静生活的人

有一只哈士奇在身边，应该比养一只猫咪要“闹腾”许多。家中有老人的，往往早睡早起，生活规律与上班族不同，有的还需要午休。而哈士奇是警惕性很高的狗狗，有个响动都会做出明显的反应，甚至会嚎叫几声，这样习惯安静的家庭往往不容易适应。

5. 对飞毛严重敏感的人

和“养狗不卫生”不同，哈士奇不经常梳毛，也会掉毛满地，尤其在换毛季节，细小的皮屑和毛屑飘散在家中。如果是对飞毛过敏或者是哮喘等体质的人群，很容易直接影响身体健康，尽管非常喜欢哈士奇本身，也非常无奈。

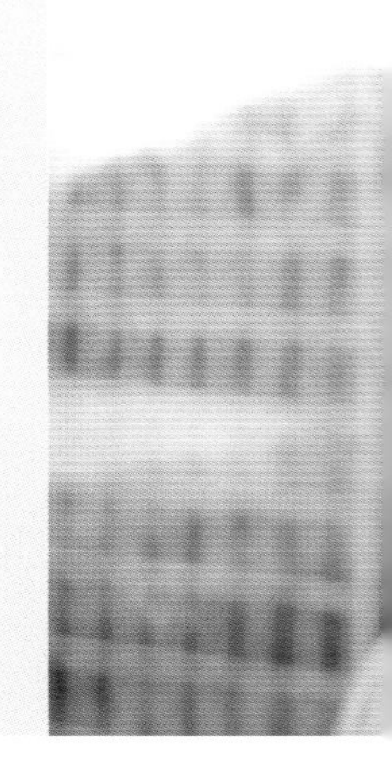

6. 感觉养狗是负担的人

在哈士奇的一生中，除了购买狗狗的消费，还有这十多年间需要的各种开销，累积起来，确实是不小的数目。养狗这件事，并非是生活必需的支出，在这方面总是想方设法节约开支的人，用人饭饲喂，不做清洁和护理，吃没有保障的宠物食品，不考虑哈士奇的运动、休闲需要等等，与其把狗狗作为负担，还不如不养为好。

7. 难以提供哈士奇基本居家空间的人

无论家中大小，整日里将哈士奇困在笼具中、露台、阳台上自由生活，少有问津，只是带出去“方便”，或者根本不带出运动的人，也同样不适应饲养哈士奇。或许客观条件确实存在，比如社区对“超高”犬的限制，家里要保持卫生，哈士奇会搞出些“小麻烦”等等。哈士奇虽然在我们身边，但也不能亲近我们，与我们有更多的交流。换句话说，我们的生活空间中，哈士奇可有可无，这是一件非常遗憾的事情。

8. 有了狗狗就没有自己生活的人

有哈士奇是一件非常幸福而快乐的事情，但如果拥有它以后，却完全失去了自己的生活。没有了和朋友欢聚，晚出早回怕狗狗有任何意外；让狗狗独自待着就胡思乱想；不敢再旅游了，怕狗狗托管受委屈等。仿佛我们的生活都被它控制起来，没有了自由、没有了自我、没有了要去做的事情了。

二、特殊人群与“它”相伴

1. 准妈妈和“它”

让准妈妈担心的是，有“它”在身边，会影响自己和胎儿的健康，例如弓形虫等疾病危害。尤其是老年人，会竭力规劝将狗狗离开身边，避免意外。

首先，要避免被狗狗感染，准妈妈必须恪守与“它”不接触的原则。日常和狗狗在一起，包括食盆、水具、尿渍、便便，都不能触之。更不能有被舔、拥抱、亲吻、扑人等过于亲密的“交流”。

其次，孕前、孕后，准妈妈进行身体检查，一旦发现问题及时治疗，诸如弓形虫只要做好预防，及时发现配合治疗，完全没有必要搞得危言耸听。

还有密切注意哈士奇的健康情况、行为特点、异常表现，和准妈妈保持适当距离。

2. 宝宝和“它”

婴儿宝宝，不仅需要家人的特别关照和悉心护理，对环境的要求也比较特殊。因此，狗狗的活动区域，最好与宝宝的生活区域相隔离。

宝宝渐渐大了，可以开始和狗狗有所接触，但哈士奇不会马上适应和一个“小家伙”接近，最好能让它逐步“习惯”。宝宝可能会突然地揪着哈士奇的耳朵、尾巴、爪子进行玩耍，要是哈士奇“动粗”，宝宝会被吓着或被伤害。所以家长不仅要在场监督，还要训练哈士奇接受宝宝的“挑逗”行为。

哈士奇对宝宝会有“亲近”、“友善”的美好意识，更会对宝宝的一切非常好奇，包括宝宝的气味、声音和行为。我们对哈士奇在宝宝面前的良好表现，一定及时进行奖励和表扬，哈士奇也会心领神会地“知道”，和宝宝在一起，是快乐和受宠的。

哈士奇慢慢地会发现，家中的宝宝带来了生活上的许多变化，我们此时也不能忽视抽时间多陪陪它，尽量不要在哈士奇面前过多地亲近宝宝而疏远“它”，对它更多的是鼓励和夸赞为好。

宝宝如果已经会走会说话了，和哈士奇的交流也会更加“通畅”，甚至孩子会主动与它玩耍，哈士奇也会很有耐心地围着“陪伴”。

长期的科学研究证明，饲养狗狗的家庭，让狗狗和儿童多在一起，会激发孩子的爱心、责任、友善、亲情……有利于孩子性格健全的形成，更加善于沟通和交流。特别是哈士奇犬，特有的亲近儿童和孩子的“特质”，让我们容易放心和安心。

在教育孩子如何与哈士奇交往、相伴的过程，也是对哈士奇进行“训练”的好时机，我们的示范作用，会传导给孩子。哈士奇会觉得这样的“游戏”更加有趣，它会感觉自己受到了更多的关心和重视，也会更加积极地表现和乐于接受。

3. 老人和“它”

有老人的家庭，如果再拥有一只哈士奇，那么哈士奇应该会享受到更多快乐和满足。老人在家时间会更多，哈士奇再也不会只是玩弄玩具和啃着咬胶零食。老人会像对待自家的孩子一样，整日里对哈士奇嘘寒问暖，有什么话都要和它说说，有什么好事都会想着它。

哈士奇和老年人的感情会更加深厚，同时也会更容易被老年人骄纵，吃也不好好吃了，脾气也会越来越大，更加依赖于老年人作为自己的保护伞，知道只要是撒撒娇，就可以降伏其他人，这种变化应引起家人的警惕。

若长此以往，哈士奇的性格被惯坏了，服从性就会降低，没大没小的事情也会接二连三地发生。我们遇到类似的情况，最好的办法就是与老年人沟通，并让他们能够理解：在对待狗狗的态度上，要保持全家的一致性，只有狗狗听从每一个家人的要求，才能真正是一只“人见人爱”的狗狗。

由于哈士奇的好动、好玩、好耍宝的特点，最好不要让老年人遛犬。同时也要求哈士奇不能有扑人、动作过激的行为。该安静的时候，要让哈士奇保持安静和稳定，即使是家中有人，也让其养成可以自娱自乐的好习惯。

三、出行时和“它”相伴

1. 携犬开车出行

带着哈士奇开车外出游玩是一个不错的休闲方式。上车前，无论旅游的装备再多，也要准备一个大小合适的航空箱。很多人习惯将哈士奇和人同坐在汽车后排，但遇到紧急情况的时候，没有安全固定，极易发生不测。有些时候，还将车窗打开，狗狗的头探到窗外欣赏风景，狗狗缺乏基本的安全意识和安全保护，唯一的解决办法，就是让其在航空箱中乖乖地待着。

选择航空箱，我们总是担心哈士奇在里面不舒服，让它也能卧、也能站、也能转身，可这样一来，箱子的体积就很大，搬动起来非常麻烦。从安全的角度讲，只要哈士奇在箱内可以卧好，前后左右上下各留10厘米左右即可。在车辆行驶中发生突发事件时，冲撞作用力小，哈士奇受到的作用力也会小。

如果路途较长，每隔1.5个小时，可以停车休息15分钟，让哈士奇跑一跑、喝水，在车下便溺。同时，在打开车内航空箱放出哈士奇之前，检查其牵引绳是否牢固，可以采取伸缩牵引绳，切不可让狗狗私自跳下、乱跑，不要让陌生人看护狗狗。

车辆行驶过程中，车内与车外温差不要很大，并尽量通风。主人绝不可将哈士奇单独留在车中的航空箱里，扬长而去。即使是没有高温或寒冷的侵袭，狗狗也会在寂寞中等待，有的哈士奇会长时间地吠叫，这都使狗狗处于潜在的危险中。

有时哈士奇会对在航空箱中待着表示出烦躁和焦虑，这就有待于平时，就让狗狗熟悉航空箱，并乐于在航空箱中安静地待着，可以给它准备一些玩具，安抚和打发车中的时光。

路途中的食物要保证营养、新鲜，并和家中完全一样，饮水也要在出门前替换成旅途中使用的饮用水，让哈士奇的肠胃能够适应。

无论远近的旅程，白天哈士奇几乎都不能很好休息，晚上要保证它美美睡一觉。户外过夜，要将它拴好，并在自己的视野中，不能让其在住宿地以外自由行动。

2. 做个细心的主人

并非所有酒店、旅馆、度假村、客栈都可以接待携犬的旅客，对于哈士奇犬这样的中型犬，藏是藏不住的，一定要告知住宿地，并获得允许，了解注意事项，遵守相关规定。

尽管确定携犬住店，也要做好相应的准备：

● 食品：哈士奇的犬粮（一定要足够携带）、零食、咬胶。

● 饮用水：保持足够的新鲜饮水和水具，不可随便饮用不洁净、不了解水质的饮水。

● 药品：防范应激反应的药品、晕车药，治疗腹泻、外伤、体外驱虫、皮肤病的药品等。

● 绳带项圈：以可伸缩、耐用为好。

● 宠物玩具：舒缓哈士奇由于变换环境造成的紧张和不安。

● 航空箱：选择大小合适的结实航空箱，对保护好哈士奇至关重要。

● 沐浴用品及美容工具：吸水毛巾、专业宠物浴液、吹风机、针梳和排梳，如果方便，1周左右要给狗狗洗澡一次。

● 其他用品：拾便器、塑料袋，宠物窝垫让狗狗睡得更好，体温计、棉签、酒精、尿垫等。

四、与“它”相伴收益多多

哈士奇犬与人相伴是幸福快乐和健康生活的体现。孩子能够更加懂得责任，老人会觉得生活更加充实，不仅有助于降低血脂、血压，对心脏及其他慢性病都有缓解病状的作用。同时，愉悦心情、释放压力，人们才有更加充沛的精力投入工作。

哈士奇的社会化并非随着与人类生活自我形成，而是由我们主观“教化”逐步养成的。这里，不仅需要时间、精力，还有更多的耐心和坚持。性格急躁的人、做事潦草的人都会或多或少地通过这个过程有所调整。养犬的阶段，对人们的身心产生潜移默化的影响。爱宠物、养好宠物也是一种“修炼”。

有哈士奇的家庭，家庭成员间的和谐程度、配合帮助、协作精神都会大大加强。养宠不是一个人的事情，同一个屋檐下的一家人也不会把哈士奇作为“外人”。即使是家中只有留守的一位，也绝对不会感到寂寞和无聊。

据统计，生活在都市里的不少人真正抽出时间用于运动的很少。而和哈士奇在一起，每天都需要运动，运动的方式也多种多样，更富于乐趣。如果是个宅人，哈士奇将带着他沐浴阳光，呼吸新鲜的空气。

人们都说爱宠的人有一颗“爱心”，虽然哈士奇给予我们的已经不再是劳作的“奉献”，但是，热爱生命、传递爱心是我们社会永恒的主题。

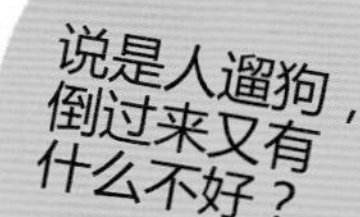

五、与“它”相伴也要保持“距离”

尽管我们能把哈士奇当作伙伴、亲人，但如果过于亲密地接触，也会给我们带来不少“麻烦”，尤其是要注意人犬共患的疾病。

1. 狂犬病

提到狂犬病，是可防不可治，也是死亡率最高的病种。我们的狗狗虽然注射了狂犬病疫苗，但不发病并非不带毒。所以切勿和狗狗一起亲密，接触唾液、血液等体液，更不要接触来路不明的流浪猫、流浪狗及其他野生动物。

2. 各类菌类及外寄生虫

各类菌类及外寄生虫都会使我们的皮肤受到侵害，这来源于狗狗身上同样的问题，虽然不会造成恶劣的后果，至少狗狗难受。尽量少让狗狗接触各类病源，平时护理得当，不到荒野丛中，定期进行室内环境的消毒，每日检查哈士奇皮毛情况，在春夏季节为狗狗进行防虫驱虫措施。

3. 体内寄生虫

蛔虫类作为体内寄生虫，对犬和人都会造成危害，尤其是对孩子。三个月到半年，无论是否发现哈士奇有虫，都要进行定期驱虫。也就是说，我们在抚摸接触狗狗后，都要洗净双手。对所有食物，尤其是肉类、水果、蔬菜、餐具，需要彻底消毒灭菌，防止病从口入。如果发现寄生虫引发的不适，无论是哈士奇还是我们自身，都要尽快就医。

4. 过敏

过敏若是由哈士奇引起，对2%宠物皮毛过敏的人会产生较为严重的影响。尤其是对我们的皮肤、呼吸系统等产生病患反应：瘙痒、流泪、流鼻涕、呼吸不畅、恶心、打喷嚏甚至支气管痉挛、气喘等。如果情况严重，最好专门测试一下过敏源，果真与哈士奇有关，就要听从医嘱作出决定。

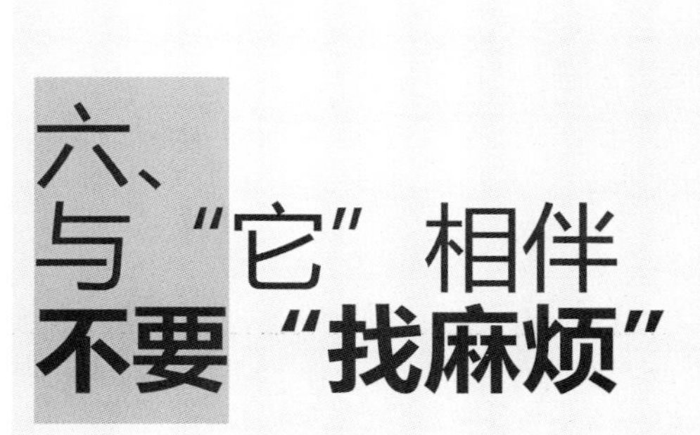

六、与“它”相伴 不要“找麻烦”

保持邻里和睦，创造和谐环境。现在，家家户户之间走动的机会并不多，但有哪家养了哈士奇，大家几乎都会知晓。有人喜欢的，见面总要打个招呼，熟悉的人还抚摸几下；有人不喜欢的，老远就会大呼小叫地躲闪，就像是见到了“洪水猛兽”。我们不能要求所有人都喜欢狗狗，所有人对哈士奇都“一见钟情”，但遇到过往的老人、孩子、孕妇时应主动避让。坐电梯时主动询问是否能够一同乘梯，错开人多的时候在社区内遛犬，选择人少僻静的地方和狗狗运动，确认不会打扰他人的时候再松开哈士奇的牵引，及时制止哈士奇吠叫扰民等。要注意的事情都注意了，可以最大程度地减少邻里矛盾，化解相互积怨。

保护周遭环境，体现养宠人的素质。如果社区内有专供遛犬的场地，可以和过往的行人、车辆互不影响。如果没有，远离楼口、草丛、花坛、中心休息区等人们经常路过的地方遛犬，更不要随处便溺，在汽车轮胎上“留味”。使用牵引绳，到达“方便”的地方再“方便”。

现在社区内养狗的人家越来越多，尤其是在相对集中的傍晚，三五成群的养宠人们牵着自己的狗狗在一起闲聊。狗狗之间也是嬉戏玩耍，很熟悉的会放开牵引绳，让它们自由活动。因为天黑灯暗，狗狗之间相互追逐可能几十秒钟就会不见踪影，哈士奇丢失多数都发生在这个时刻，也给寻找哈士奇带来不易。更重要的是，即使是认得家的大概位置，黑灯瞎火地辨别方向和具体门牌也是非常困难的。

驯养哈士奇的过程，少不了经历这样那样的“麻烦”，克服“烦恼”的关键是不疏于防范，把事情做细，多为他人考虑，得到周围人们的理解。

Part 6

“它”在四季中

一年四季冷暖变化，给人们带来了衣、食、住、行不一样的要求。人如此，狗狗被宠为“伴侣”，当然也是需要有些办法来面对，怎能不为之操心呢！

一、四季饮食全攻略

1. 春季

春天的脚步来去匆匆，有的时候是春寒乍暖，有的时候是忽如一夜草绿来。季节会给哈士奇带来食量和食欲的变化，运动多了，对能量和热量的需要也会提高。

小哈在这个时候正在长身体，总是感觉吃不饱的样子。成犬的变化也根据日常习惯，尤其是天气没有完全转暖的时候，蛋白质和脂肪的摄入必不可少。

如果食欲不好，可以每周调剂一下，增加食物的花样和种类，但不要将哈士奇喂馋，太杂的食物会加重它的肠胃负担，不能迁就它乞食的习惯。

2. 夏季

夏季的气温会让哈士奇感觉不太自在，喜欢躲在阴凉的家中，让空调降温。除此之外，保证足够的饮水，甚至可以准备无糖冰块消暑，但不要过于贪凉。

为了增加口味，放在冰箱中保存的湿粮（类似软包装宠物食物、罐头等），不要直接饲喂给哈士奇，放置常温后再食用，一次吃不了的，也要全部丢弃。

选择优质犬粮的同时，适当补充一些谷类和蔬菜，避免太多的肉食、宠物湿粮、宠物零食，尤其是容易上火的牛肉、羊肉等食材，这些会造成脱毛现象更加严重、干涩和染色。

含糖量过高的西瓜、桃子等水果要避免给哈士奇吃，类似西红柿、黄瓜等水分较多的蔬菜也会让哈士奇排便量增加。

至于家中餐后的剩菜、剩饭，即使加热消毒后也不可以给哈士奇吃，夏天极易滋生细菌和病菌，剩菜中的高油、高脂肪、高盐很难被它脆弱的肠胃吸收。

夏季，切记“人一口、狗一口”的冷饮、冰激凌、冰棍等给哈士奇降温，有的放矢地吃一点调理肠胃的营养品，不仅可以促进哈士奇的食欲，也可以防止腹泻和肠炎。

外出遛犬时，严禁哈士奇随意捡拾东西吃或到处闻舔，远离喷洒农药和投喂鼠药的地方。食物中毒也是这个季节的高发病症，出现呕吐、腹泻、全身痉挛等状况时要马上到动物医院就医，不可随意喂药。

不论
春夏秋冬，
能出去玩
我就高兴！

3. 秋季

秋天风干物燥，冷暖变换，感冒等疾病或皮肤问题容易产生，食用加入脂肪酸的宠物食品，可以防止皮肤干燥。

长期的劳作生活，形成了狗狗在冬天来临之前积蓄体能、抵抗寒流的意识，蛋白质、热量的摄取加强了哈士奇的体质，钙质、微量元素等营养品能改善哈士奇的免疫能力。

夜间的屋内气温不高，应保暖、加强呵护以防哈士奇生病。若食物的温度过凉，可以在微波炉中转几秒钟，让食物的味道挥发出来，刺激它的食欲。

4. 冬季

冬季是哈士奇最喜欢的季节，也是最期待的时候，但严寒而干燥的日子，人们总是习惯待在家中，这让哈士奇也对季节不怎么敏感了。遛狗成了“方便”时间，多数情况下，都是宅在屋子里，就更别说多运动了。

经过秋天的能量积累，加之活动又少，少有外出，哈士奇的精神也是懒懒的。干燥、温度高、消耗少，会让原本正常的生理周期发生一点紊乱。

多补充水分，吃易消化的食物，同时冬季也是补毛、养毛、发毛的好时候，适当补充一些美毛的营养品，让我们的哈士奇呈现出一年里最英姿飒爽的威风。

二、四季行动全攻略

1. 春季

哈士奇的春天，也是“找对象”的时机，对于正值壮年的狗狗来说，生理功能和行为状态呈现焦躁和兴奋。公犬会因为嗅到母犬的气味坐卧不宁，饮食难安，为争夺母犬一如反顾，搞得剑拔弩张；母犬到处寻觅如意公犬，玩心很重，往往难以唤回。

看守住自家的哈士奇，不乱跑、不乱配、不丢失，只有使用牵犬绳，时刻不大意，以防发生不测。

春季气温还低，皮毛护理往往被忽视，不经常梳毛、不梳透、不梳通的情况很常见。到了换毛的时候，哈士奇在家中，总感觉有收拾不完的毛，在家里给它洗澡吹风时，往往也会出现漫天飞雪的“胜景”。

应从小就养成每日梳毛一次的习惯，如果是成犬后才开始梳毛，对一些敏感部位，哈士奇连碰都不让碰，梳疼了甚至会耍脾气，张嘴咬工具。只有把要换的毛梳理通顺，掉的毛才会少，家中的环境也不至于一塌糊涂。

春季梳毛是减少狗狗换毛，
污染家里的好办法！

好玩又洁齿，
无疑是狗狗
消磨时光
之举！

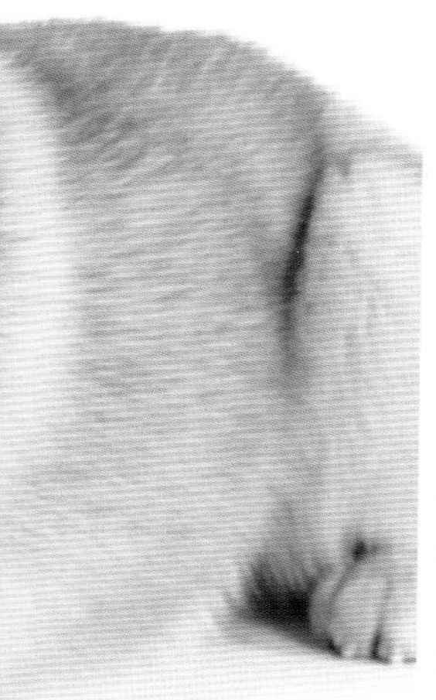

2. 夏季

夏季，哈士奇应对炎热不像人类通过汗腺排汗，它们用体表0.8%的面积散热（一般是用嘴或脚垫），加之身材贴近地面，反射热、地面温度高，很难及时地将热量散出体外，容易引起中暑，狗狗中暑时，体温会急速上升到40℃以上。

● 发生中暑的环境：夏季强烈阳光下；密闭通风不畅的汽车内；缺乏饮水、温度过高的室内；体质不好的哈士奇。

● 中暑的反应：食欲降低；低声闷叫、喘气、呼吸困难、流口水、口吐白沫、心跳加速；全身高度缺氧，出现脱水症状；便血、尿血、痉挛、颤抖、昏迷、休克、心力衰竭、呼吸终止。

● 应对的方法：全天保证新鲜饮水，必要时可以放些无糖的冰块。增加食物的含水量。轻度中暑可采取冰水淋湿，冷毛巾包裹，酒精擦拭体表（尤其是腹部）等物理降温。打开电风扇、冷风扇降温。不可紧急降温造成狗狗血管剧烈收缩，体温降至38℃时，停止散热措施，低体温也会导致器官衰竭。送医院过程中注意狗狗头部放平，使呼吸畅通，避免呕吐发生。发生中暑，必须及时就医，延误时间会造成生命危险。

● 日常防备：室外高温，室内要保持空气流通，避免阳光直射，也可以使用凉垫、冰垫，调整饮食结构。家居内保持通风，必要时开启电风扇或空调。减少中午前后让哈士奇在室外运动。运动后，在阴凉地方休息或平卧，适度饮水。

夏天屋中潮湿，要每天对哈士奇的笼具、窝垫进行清理；定期展开清洗、消毒、晾晒的“扫除”行动。尤其是家中容易积累毛发的地方、卫生死角、藏污纳垢之处，既影响家人健康，也会污染空气。同时，使用除湿设备，每日通风，拉开窗帘，让阳光为居室“消毒”。

经常在空调的居室当中，空气不通畅，也会让哈士奇患上空调病。一热一冷使哈士奇的机体免疫力下降，会诱发感冒。

夜幕下的哈士奇回到了
久违的寂静的家乡！

3. 秋季

秋季天高云淡、秋风阵阵，哈士奇也有了更多的时间在户外消磨时光。多晒晒太阳，对于哈士奇的皮毛健康益处多多。这时正值换季的脱毛高峰，活动多些，也可以少影响室内的环境卫生。

这也是哈士奇情绪活跃、蠢蠢欲动的时候，面对狗狗发情、交配、繁殖的生理特点，每次带着自己的哈士奇外出时，最好是让它在自己的视野之内，不要和不熟悉的狗狗多接触，远离发情的母犬，使用伸缩功能的牵引绳。

有呼吸道疾病、心脏功能不健全或其他慢性病的狗狗，要在季节更替的时候多注意保暖的同时避免受凉，不能自己开方随便买药给哈士奇吃。

4. 冬季

哈士奇的双层被毛能够起到很好的保温御寒的作用。即使是天寒地冻的时候，也用不着给哈士奇穿衣服。由于现代生活的情况，要让哈士奇适应冷暖不断交替的环境。室内、室外温差会有十几度，甚至是几十度，就是再具备生存本能的哈士奇，也没有急速调节的本领。

有的时候，见了期盼已久的冬日，撒了欢儿的哈士奇还没有热身就运动起来。所以，雨雪后遛狗时，尽量保持慢行，狗狗失足牵连着人的滑倒，会造成危险的后果。尽量不要去不熟悉的区域玩耍，雨雪覆盖下隐藏着外伤的可能。

寒冷的季节，预防呼吸道疾病不可掉以轻心，类似咳嗽、气喘等让人看着就揪心，治疗时间长、恢复慢、花费多、影响家人正常生活是突出特点。

遇到不好的天气，尽量缩短遛犬、运动的时间；阳光明媚的时候，可以多晒晒太阳，强健体魄。家中的阳台如果有阳光照射时，也多让哈士奇享受一下，在干燥的居室里，放一个加湿器，让温度和湿度都在理想状态中。

三、四季玩乐全攻略

1. 春季

如果还没有带着哈士奇去远游过，那就从这个春天开始吧！郊区山林，既能够欣赏到山花烂漫，又可以进行身体锻炼。不过对于第一次出门的哈士奇，选择目的地时要考虑其体力是否能够承受“远途劳顿”。

平日里没有经过运动训练，也没进行社会化“教养”的狗狗，一下子很难适应陌生的环境和爬山这样的高体能活动。

我们要对目的地的情况、地势起伏大小、需要行走路线、路程距离等做具体考察。哈士奇的身体情况、服从性情况、心理素质等决定了是否能很快适应山地环境。

杂草丛生、碎石遍地、山势险峻、密林婆娑、溪水挡路，这些环境对于哈士奇的心理而言，考验一个接着一个。山间林地中的尖刺植物、寄生虫、小动物，甚至是小蛇都对好奇心很重的哈士奇，增加了意外的可能。

行进过程，哈士奇要在我们的身旁，而不是在我们的前方，牵引绳时刻不能松开。出发前一定要为哈士奇进行体外寄生虫的预防。每行进1小时，要休息10多分钟，并及时补充安全饮水。

自由自在的奔跑是
哈士奇最开心的运动！

山间溪水有时水流湍急，要及时阻止哈士奇跳入，水中的鱼类等也不能让哈士奇随意吃食。

在开阔的地方如果进行野炊或烧烤，切勿给哈士奇食用，将哈士奇专人看管，只饲喂宠物食品。

虽然玩性尚存，但回家后，满身尘土和泥土的哈士奇，最好先用美容工具梳毛，仔细查看皮毛中是否有带刺的植物或其他异物，观察脚趾、脚掌、身体上是否有外伤，耳道里是否有寄生虫，不要轻易马上洗澡，一切稳妥后，再进行清洁和消毒。

2. 夏季

盛夏时节，在海边度假，携犬同乐，是一件十分惬意的事情。但是对于第一次到海边的哈士奇来说，会激发它内心追逐自由和玩乐的“潜质”，所以要倍加看护和关注。

● 气温的情况：夏季的海边，中午前后气温高、日照强烈，不适合携犬外出。

● 海边的情况：查看当日海边天气情况，海浪卷来，容易让哈士奇失去平衡置身水中。早晚潮汐变化，我们和狗狗都要关注不测。渔网、水草会将其缠绕造成狗狗溺水。水生海蜇、水母等有毒，玩耍区域内的安全不容小视。

如果是团体活动，狗狗比较多，最好是有专人负责。有些狗狗不拴牵引绳，哈士奇总被牵着难免蠢蠢欲动，最好带个围挡，让狗狗们在围挡中嬉戏。海边的诱惑太多，最好不任由它们乱跑、乱吃。

● 防止溺水：即使是游泳很好的哈士奇，到达海边也要时刻小心，面对浩瀚大海，哈士奇不过是沧海一粟，当它玩兴很高时会忘了危险地乱跑。同时不能只顾我们在海边拍照、留影、躺着、游泳嬉戏，狗狗随时都要在我们的视野之内，并经常唤回狗狗，让它明白伴随在我们左右才是最安全的！

一般海边附近很少有动物医院，下海的哈士奇要带救生圈和牵引绳。对海中游泳经验少的哈士奇要先熟悉海水温度、海浪情况，选择平坦的浅海；即使是水性很好的哈士奇在海中嬉戏、游泳的时间也要控制，防止体力不支发生溺水的情况。

● 海边归来：及时在住宿地为哈士奇洗澡，并将皮毛吹干，海水中的盐分及复杂成分对它的皮肤会产生刺激，极易导致皮肤病的发生。

3. 秋季

秋天虽然短暂，但秋天的魅力让人流连忘返。告别了酷热的夏季，阵阵清风吹来，凉爽的感觉更喜欢带着哈士奇到宠物乐园玩一玩。

都市中的宠物乐园是专门为狗狗设计的嬉戏、运动场所。不仅有开阔的场地、狗狗用的运动设施、游泳池，还会有宠物托管、宠物餐厅等宠物服务内容。

一般来讲平日的下午、周末时候，都是宠物乐园最热闹的时候。人多、狗多，又相互不是很熟悉，难免有些“小麻烦”出现。

● 躲开“麻烦狗”：要躲开的狗狗包括：具有攻击性的狗狗；占有欲特别强的狗狗；皮毛感觉有异样的狗狗；较为神经质不停吠叫的狗狗；连主人都搞不定，怎么说都不听的狗狗。

● 避免产生伤害：选择同类型、体型接近、性格温顺乖巧的狗一起玩；狗狗间出现有挑衅意味的动作，及时用牵犬绳拉开；乱跑、乱撞的哈士奇最容易和其他的狗狗“干仗”，有的时候玩性也会转为战斗；狗狗之间的“问题”势必不要拉架或参与其中，避免人的意外受伤。出现狗狗被咬伤的情况，及时到动物医院处理，更不要出现人和人之间的纠纷。

● 游泳池嬉戏：游泳池是最受狗狗喜欢的玩乐场所，但狗狗多，水难免不够清洁。如果观察到水质已经不好，最好不让哈士奇下去，避免皮肤问题的交叉感染。主人最好在池边看护，出现紧急情况也不要忙于跳入水中，水性不好的哈士奇可以用牵引绳练习。

● 玩乐归来：要及时为哈士奇洗澡、清理被毛，不要偷懒隔夜再做。为了防止体外寄生虫，可以用药剂防范。哈士奇玩心很重，就是回家了，也还想到外面溜达，此时要加强防范。

4. 冬季

目前，冬季的游乐项目越来越多。在部分滑雪场也开辟了携狗玩乐的专门区域，这就为哈士奇提供了难得的活动场所。

● 玩乐时间的掌握：往返滑雪场的路途都不近，加之人还要滑雪运动，要注意哈士奇的体力情况，气温低的环境不宜让哈士奇单独超过2个小时，可以准备肉干零食补充热量。

● 玩乐的注意事项：一般狗狗玩乐的区域都会有专人看护，但最好有熟悉的人陪伴。千万别光顾自己尽兴，因为雪场的环境开阔，哈士奇在陌生的环境中很难辨清方向，走失或乱跑的可能性很大。

● 不接触陌生人：哈士奇在雪场一定能吸引很多关注的目光，也会有陌生人来抚摸、照相、投喂食物。这时主人最好有选择地让狗狗接触，对陌生人的食物一律拒绝。更要防止哈士奇扑人或者惊吓到老人、孩子、害怕狗狗的人；雪场的人穿着比较厚重，又都带有滑雪器具，行动不慎会误伤狗狗。

● 出行前的准备：有些滑雪场是不允许狗狗进入的，一定要提前联系滑雪场并得到确认。如果被拒之门外，哈士奇要连续数小时自己在车中度过，会让我们玩得也心不在焉。

Part 7

“它”在幼犬时

哈士奇从出生到一岁为幼犬阶段。虽然时间不长，但是这一年的健康成长对成年后的性格、教养、体质关系十分密切，犹如人的少儿时代。这时段麻烦最多、操心不少，有什么办法呢？耐下心来，平心静气养育小宝宝吧！

一、放心的幼犬才是我们的选择

1. 同样的哈士奇不一般

首先，我们要确定在哈士奇品质上的选择，高品质的会越接近于标准，价位也会越贵，这并非完全取决于它的父系和母系，但血统不好的，一定会直接影响后代的品质。

品质不错、价位适中是理想的选择。这时，健康成为再次甄选的关键要素。不健康的幼犬即使品质再好，也不能选择。

切记要选择实际年龄超过3个月的幼犬，如果乳牙还没有长齐，月份不足，体质幼弱，也有得病的风险。

相信一见钟情吗？许多人选购哈士奇幼犬都相信！因为实在太可爱，实在太让我们难以割舍，实在是“命中注定”！但是，幼犬长到成犬体貌特征会发生很大变化，类似于“三把火”等传统概念不可取。

放心的幼犬除了要观察它的眼睛、听力、鼻头、耳道、口腔、被毛、肛门是否正常外，还要抱一抱它，摸一摸它，喂一点吃的，让它完全站立，检查四肢情况，让它跑一跑，看看是否协调自如。

找个懂哈士奇的朋友一同前往，挑选时多看、多问、多比较，尤其是和口碑信誉好的犬舍的主理人多沟通、多咨询。不要完全凭借幼犬父母的样子就做出“结论”，不要看到血统证书就完全判定狗狗的品质。

发现幼犬是隐睾或单睾的情况，不能进行繁育，如果不介意，可以在价格上获得主动。

所以说，同样的哈士奇不一般，是我们选择的“那一只”，是要伴随我们十余年的宝贝，也是影响我们很长一段时间生活的重要“成员”，需要谨慎决定，深思熟虑。

2. 了解完全免疫的重要性

完全免疫（也称首免）是指狗狗在第一年内，第一次要做的免疫过程，一般情况下从第45天开始，注射第一针犬联苗，间隔3个星期，65天左右注射第二针犬联苗，再间隔3个星期，85天左右注射第三针犬联苗和狂犬病疫苗，这个过程称为完全免疫。

犬联苗是经过弱化、降低活力的病毒。注射入狗狗体内，被感染病毒的可能很小，从而起到免疫的功能。

犬联苗包括国产和进口疫苗。进口疫苗包括犬六联疫苗、犬四联疫苗、犬七联疫苗。北方地区使用的以犬四联疫苗为主。

（1）免疫前和免疫过程中的身体条件 需要完全健康（不可用于怀孕母犬、产后半个月的母犬），若接触过患病犬只，或任何身体的异样表现（如外伤、病犬康复期间），都会影响免疫过程，甚至会使病情加重。每次注射疫苗后7～10天内不宜给哈士奇洗澡，体温有所升高、打蔫、食欲下降、不够活泼的现象1～2个小时后很快就会过去，不必特别担心，直到做完完全免疫之前，避免过多和外界接触，尽量少遛狗或者是不遛狗。

在注射后，哈士奇出现全身瘙痒、面部浮肿等过敏反应，要及时到动物医院注射脱敏针。

（2）不可忽视完全免疫的重要性

●完全免疫不是可做可不做的事情，养一只狗狗在第一年一定要完成完全免疫的过程。

●完全免疫保证的是狗狗的健康，即使是第一次免疫失败了，也要将完全免疫重新做完。

●要了解狗狗的实际周龄，不被夸大狗狗年龄的欺骗所蒙蔽。

●即使是有过一针、二针免疫在前，真是担心是否可靠，也可以重新开始完全免疫。

●狗狗进门后，不能立刻开始完全免疫的过程，一般要适应环境7～10天以后，待完全健康再开始注射第一针。

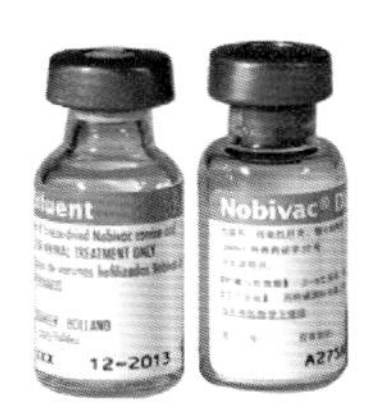

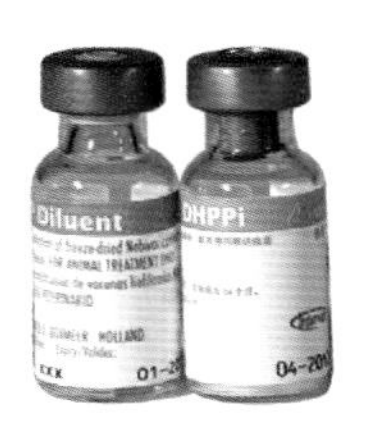

●完全免疫（首免）的防控时间是11个月，过了11个月后，对外病毒的保障能力会逐步削弱，要再次进行免疫（包括一针犬联苗、一针狂犬病疫苗）。

●完全免疫主要是防范针对狗狗的几种恶性传染病，但不论是哪一种，都会对狗狗的健康造成重大威胁，尤其是狂犬病，对人的影响毋庸置疑。所以为狗狗进行完全免疫，也是每一个养宠人的责任！

3. 定期驱虫保证幼犬健康

幼犬驱虫可以避免腹泻、消瘦、吐虫子等情况，保障哈士奇成长。如果发现幼犬便便中有虫子，要定期服用驱虫药，直到不再发现虫子。

常规服药阶段：3个月龄1次、3个月龄至1岁每3个月一次、1岁以上每年2～4次。有的药品每年一次即可。请认真阅读驱虫药说明书，最好遵医嘱服用。

服药时间：早上服药，过8小时再进食，保证新鲜饮水。

服药剂量：根据幼犬体重服用。

驱虫针主要用于驱除体外寄生虫，也可以使用驱虫滴剂和喷剂。按体型大小和体重使用，要了解驱虫防范时间。过了防范时间后，要继续使用，尤其是在夏秋两季及旅游前后。

二、塑造小哈的性格

狗狗属于群居动物，体内存有对地位高低的评判意识。处于领导地位和从属地位的关系非常明确。从狗狗的群落上看，幼犬通过与母犬、其他犬的生活，逐步确定自己的位置。

挑选小哈时，个头最大的往往都是一窝中最能抢食的，认为自己是同族的老大，这样的哈士奇好胜心强、霸道张狂，日后很难驯服。

身体娇弱、羞涩胆小、瑟瑟发抖、不好玩耍的小哈，性格内向，敏感多疑，有些神经质，适合于孩子和老人的身边，安全而不会调皮捣蛋，容易驯服。

行为乖巧、不怯懦、不张狂，对同族的老大有所敬畏，对周边的伙伴较为友好，这样的性格有益于社会化的养成，既可以作为伴侣犬，也可以通过训练达到工作犬的能力。

幼犬的性格有许多先天因素，也需要后天的培养和塑造。从3个月开始，虽然顽皮、好动，但一些基本的训练，如坐、卧、唤回、不

准动、握手、定点便便等，已经可以逐步学习。一方面，和小哈培养感情；另一方面，有助于从小锻炼它的服从性。

小哈在家做错事情的时候，不要叫它的名字，更不要严厉呵斥。这是养宠一定要经历的过程。该做什么不该做什么，懵懂的小哈多半不知道。例如，到处便便，啃咬家中的物品，打翻水盆搞得家里乱七八糟等。我们的防范措施要在前，做好了则鼓励、爱抚，做不好则及时制止或不用理睬，“棍棒之下”出不了优秀的哈士奇，反而会激发它的逆反心理和不信任。

小哈的性格75%和环境有关系，不溺爱、不冷落，多交流、多沟通，我们的小哈会更加顺从和听话。让它多接触各种不同的环境，有选择地从较为简单的居室环境、社区环境开始，逐步过渡到有同类、有其他动物、有声响、有车辆、灯光、烟火等地方，不仅接触邻里，也要接触我们的朋友、家人、老人、孩子等不同人群，逐步使其适应较为复杂的环境和各式场景。

小哈受到最大的干扰是注意力永远不易集中，做许多事情都没有耐性和长性，稍微打个岔，就不知道跑到哪里去了！所以我们切不可天真地希望它一下子理解太多，“狗记性、狗记性”放在小哈身上一点都不奇怪，反复、反复、再反复的引导和适度的奖励，它才会明白。

要尽早和自己的小哈明确“领导”和“被领导”的关系，这样狗狗会更加具有安全感、稳定感。否则我们开始训练它就会遇到一些困难。

牵引绳是协助培养小哈良好日常习惯、保证安全、显现良好训练效果的重要工具。从小就要小哈熟悉和适应使用牵引绳，即使是性格倔犟、不易控制的小哈，也要用牵引绳让它们服从，听从指挥。

即使是自己的宠物不作为工作犬、不作为参赛犬，良好的性格也是养宠过程中一点一滴培养出来的，拥有一只性格稳重、行为得体、人见人爱的哈士奇是我们“福气”！

三、小哈的饮食习惯

（1）20天以后，人工饲喂小哈，可以最大程度上保证幼犬有足够的营养摄入和健康成长。

（2）小哈如果还需要喝奶，要么吃犬奶，犬奶的营养成分表现为高蛋白、高脂肪、低乳糖，要么选择宠物专业奶粉，不要选择喂牛奶。低蛋白、低脂肪、高乳糖的牛奶在犬只消化乳糖的酶不足（遗传因素）的情况下，很容易引起腹泻。

（3） 小哈从20天起，可以适当加一些宠物专业奶粉搅拌泡软的幼犬粮，并不一定餐餐如此，可以一定程度上减轻母犬的喂奶负担，30天以后选用宠物专业幼犬主粮，开始用温水泡制，然后慢慢减少变成纯干粮。这段时间尽量少食用宠物湿粮、罐头等。过软的食物对狗狗的口腔影响不利，狗狗的吞咽不会影响其健康。

（4）每日的食量按周递增，而不是每天递增，要根据体重情况而定。一旦增量过快，看上去胖胖的，超速生长，会造成身体伤害，尤其是在成犬时期患病几率更大。

（5）小哈的吃饭时间最好比我们要早，无论每日三餐还是四餐，都安排在我们就餐前进行。

（6）我们的日常工作比较紧张，如果饮食不太规律，需要按照我们时间安排小哈的吃饭时间，而如果过于固定的时间，一旦有所变化，狗狗就要吠叫要食了。

（7）小哈对我们喂食前的动作很快就会心领神会，利用好吃饭前的短暂时间，成为训练良好“习惯”的最佳时机，让它不许动、坐好，慢慢地小哈就会知道只有做好才能得到食物。

（8）小哈吃饭不能连玩带吃，严格控制喂食在20分钟左右，它不吃，立即收走食具，不可让我们受它们的支配。如果小哈只挑拣食盆中的湿粮、罐头的肉块，而把宠物主粮打翻向我们示威，我们要马上制止，并不予理睬，立刻走开。同时，停止饲喂零食肉干，并让家人不偷偷饲喂。

（9）尽量每日少食多餐喂食，如果中午来不及，下午下班后，先喂食后再做我们的晚饭。入睡前，再给狗狗喂第三顿。小哈的肠胃不能一次性喂太多，而且要从小保护肠胃。

（10）小哈饮食关系到它一辈子的饮食习惯，所以人食用的牛奶、骨头、动物肝脏、每日三餐、零食等等，都很有可能成为它们的最爱，除了将这些食物收好外，也要防备小哈偷吃。作为主粮品牌的改变，也需要10天左右，逐步地进行替换。

（11）小哈的主粮以优质品牌幼犬粮为主，目前市面上有商业粮和天然粮两种类型，在国外天然粮的应用比例已经很高，在国内，商业粮市场占有率更高。从价格上看，天然粮较商业粮要贵一点；销售途径上，天然粮符合国家进出口批文、正规渠道进入市场的还并不多。买家可以上网咨询相关内容，以为狗狗健康有利为原则进行选择。

（12）小哈的食量远没有想象的多，如果选择大包装的犬粮，食用时限最好是开封后40天以内，将犬粮放置在密闭良好的粮食桶中，保质期会更长。

（13）无论是在实体店还是通过网络购买小哈的食物，除了考虑价格因素外，还要针对不同年龄、成长阶段、身体状况考虑。不是越贵的就是对的，其他狗狗都用的就是好的，自己狗狗喜欢的就是合适的。

四、小哈的需要

（1）安全的需要 一般饲养哈士奇的家庭中，都会准备一个笼具。在幼犬时，关在笼具里，避免它到处便便；成犬的时候，关在笼具里，省得它乱跑闹事。这就是许多小哈到了家中的境遇。将笼具当成了小哈的厕所、吃喝拉撒的地方。只有将休息区、吃饭去、排便区、玩乐区分别安排好，小哈才感觉最安全。

PET CARNIV

（2）学习的需要 从进家的第一天起，也是学习的开始。无论是日常的吃饭、便便、游戏、消磨时光，还是学会基础的坐、卧、随行等，还有改掉不好的习惯、毛病，这些都是学习的过程，是成长过程所需要的。

（3）陪伴的需要 现在的生活节奏紧张，生活压力很大，除了工作，属于个人休闲娱乐的时间并不多。但如果选择了哈士奇作为爱宠，不能找更多的借口，只把它自己放在家中，只负责吃喝、遛犬，和它没有交流和沟通。小哈在进入到新的环境中后，需要熟悉和了解的很多事情，都要我们一点点地告诉它，没有耐心和时间或粗放式地饲养，哈士奇的性格将得不到正确的引导，体质也会得不到健康地呵护。

（4）运动的需要 小哈从小就需要养成运动的好习惯，而且是每天坚持，而不是周末集中"释放"。尤其是家中空间不大，更要在户外分次、分时间长短、分距离长短进行的运动。3个月以后，每周的运动次数最好在4～5次以上，每周的运动量也至少要在2千米以上甚至更多。运动过程中可以加入游戏，并结合家庭的健身运动，让运动充满乐趣。

（5）自我娱乐的需要 让小哈学会自娱自乐，可以在家中打发寂寞的时间。无论是咬胶、玩具还是指定的活动空间中，让它不要只是看着窗户望天。如果不能及时吸引小哈的注意力，它就会寻求破坏和啃咬家中的物品，让我们在回家后，发现一片混乱。

（6）社会化的需要 寻求更多的机会，让小哈接触不同的人、不同的同类，这是提高它社会化水平的重要环节。特别是在公众场合，如社区内、电梯中、遛犬时、外出郊游时，要学会稳定、不扰民、不吠叫、不扑人、服从指令。

当小哈第一天进入我们的家里，我们要给予更多关注，甚至会由于它们的存在而有意识地改变我们的生活。一只狗狗要陪伴我们十几年的时间，它们每天的需要是它们健康成长的基础，也是我们养育它们不可推卸的责任。

“狗之初，也性本善”
关键在于我们是否下功夫训导它！

Part 8

“它”在成犬时

淘气、多事的一年过去，宝宝长大了。英姿飒爽的金色岁月到来，谁不为它们高兴呢！人们常说“大有大的难处”，食、住、行、玩与儿时大不相同，它也更有性格和脾气了。我们既然为它的成长付出了心血，那它也一定会在青春年华的时光中，给我们带来更不一样的欢乐呢！

一、成年哈士奇的变化

成年哈士奇的身形已经基本定型，8岁以后，开始步入老年阶段。

1. 成年哈士奇的饲喂

最好每日2餐，份量不宜过多，根据哈士奇的年龄、体重进行科学饲喂。

怀孕、处于哺乳期的母犬，以及生病的犬和康复期的犬，最好采取少食多餐，促进食物消化吸收。

食量的增加也是一个逐步增加的过程，食量和体重的增加成正比，一般在宠物犬粮的包装袋上，都会有一个每天饲喂的犬粮重量与狗狗体重的配比表。我们要每月两次测量狗狗的体重，并通过测量器，确定每日哈士奇需要食用的主粮的准确重量。另外，哈士奇的食量除了宠物主粮的份量，还包括宠物湿粮、罐头、零食、咬胶等所有吃进去的食物的总和。

相对同体型和重量的中型犬，哈士奇的食量会减少1/4以至于更多，属于比较“经济”的犬种。但是贪食会让它补充进许多其他的食物，控制每天的食物总量，同时保证营养搭配，避免肥胖，才是健康科学的饲喂方法。

哈士奇8个月体成熟，12个月达到性成熟，这是它们身体和性格变化最明显之时，狗主人要多留心、多呵护啊！

2. 成年哈士奇的运动

哈士奇需要运动量众所周知，这是祖先赋予这个犬种运动天赋的集中体现。无论是体力的锻炼还是心理的慰藉，我们每天都要保证2~3次，总计40分钟到1个小时以上的运动时间。每次运动也要分成2~3个阶段，中间休息几分钟。

有晨练习惯的人，往往将哈士奇带在身边，新鲜的空气和阳光的照射，让哈士奇也精神焕发，最好是选择疾走或慢跑，这样的有氧运动会比静态的健身效果更好。

如果早上的时间难以保障，人们往往会选择傍晚遛犬，作为运动的一种方式。这时可以选择一些互动性强的宠物玩具，让哈士奇多一些自由的奔跑。最好选择开阔、人少、车少、光线清晰、远离道路的地方，如果松开牵引绳，务必让哈士奇永远在自己的视线中。如果天色已晚，很难看清物体，最好将哈士奇牵住，防止它走失或迷路。

很多人平时“懒惰”，在周末假期里，带着哈士奇多玩一会，弥补日常运动的时间，不仅体力上会过于疲劳，也会让年龄大的哈士奇伤不起。还有人研制出来配备在自行车、电动自行车上的遛狗设备，另外一头可以牵引着哈士奇跑动，尽管创意不错，也能让哈士奇“动”起来，但缺少双方的互动和交流，只能说是权宜之计了。

理想的状态是，发动全家齐上阵，并非指定某人陪着哈士奇运动。每个人都会有自己的运动需要，也会联想出更加新奇的运动方式。有哈士奇的家庭，会让自己的生活更健康，才能带出更加健康的哈士奇来。

遇到天气不好、下雨下雪的时候，可以为哈士奇配备雨衣，在不被淋湿的情况下，可以适当缩短运动时间，回家后及时将湿漉漉的被毛吹干。如果是大风或空气质量不好的时候，活动不宜剧烈，回家后及时清洁身体。

夏季，可以选择游泳作为哈士奇的最好项目。一般的宠物乐园都会有游泳池，不要选择河滩、溪流等地方，危险性大。正规的游泳池会定时消毒并进行水质监测，如果看上去水质已经较为污浊，或者池中的狗狗太多，也可以选择早上或刚刚换水后的时间段。游泳可以最大程度上让哈士奇全身得到放松，也比单纯的跑步充满乐趣。

在宠物公园中，一些敏捷训练的设施，也可以让哈士奇进行尝试。根据体型大小、胆量大小、熟悉程度，让哈士奇能够面对挑战，迎接挑战，获得胜利。

无论怎样的运动过程，都要在饲喂后1个小时左右再开始，不要在运动过程中吃过多的零食，剧烈运动后休息一会再喂水。外出时，想一想可能需要的物品是否准备齐全，尤其是牵引绳最好准备两条备用。

3. 成年哈士奇要保持良好睡眠

现在狗狗的日常生活规律几乎都和人保持高度一致，比起祖先的生活，睡眠要少很多。而且，哈士奇的警觉，很容易被声响和环境打扰，但只有良好睡眠才能恢复体力，维护健康。所以成年哈士奇还是要保持10个小时以上的睡眠。

成年哈士奇的突出需要一是食量、二是运动量的增加，才能适应它原来工作犬的体能特性！

二、哈士奇公犬饲养的注意事项

哈士奇公犬身高在53～59.7厘米，较母犬高几厘米，体重也会重几斤或十几斤。整体上看，很多人选择公犬，因为更喜欢哈士奇的威武和英俊，同时，作为追求时尚、个性的宠友，带着公犬更有“拉风”和“炫耀”的感觉。

哈士奇公犬的占有欲较强，领地意识、等级观念较母犬也要高不少，这样从幼犬时，必须更加有的放矢地强化服从性及社会化训练。无论是吃、喝、拉、撒等细节小事，还是每日的作息习惯、生活习惯，一旦出现“不轨”行为，都要立刻制止。该做什么不该做什么，什么是对的，什么是不对的也要反反复复教导，不厌其烦地让它明白。

不允许破坏家中的物品；不允许乱吃或随地拣拾食物和杂物；不允许不在主人的视线中；不允许在未经牵引的情况下自己出门；不允许不服从指令；不允许向同类挑衅和打架；不允许对触摸身体采取反抗和上嘴的习惯；不允许行进时跑在主人的前方，只能在主人身体左侧（或右侧）；不允许将自己的脾气发泄在食盆等物品上；不允许随便吠叫或向陌生人示威；不允许随便扑人或惊吓他人；不允许对家庭中不同的人采取不同的态度和行为……

春秋两季，是多数母犬发情的时段，在周边有这样的母犬出没，往往在遛犬过程或者是经常走过的地方留下吸引公犬的气味。哈士奇公成犬在嗅到母犬的气味后，情绪亢奋、性格烦躁、饮食不调、贪恋在外，久久不想回家。一旦发现自家公犬有类似的行为，一定要严防死守，避免意外，否则悔则晚矣。

PET CARNIVAL
母犬的呵护要麻烦一些，
除此与公犬差异不大！

三、哈士奇母犬的饲养

1. 哈士奇母犬的发情

母犬正常发情一般是每年3～5月份和9～11月份各有一次，有的哈士奇未满周岁就可能发情。但是在现代生活中，某些母犬的发情期也会有些不同，只是较为集中在春、秋两季。

发情期基本分为三个阶段：发情前期、发情期和发情后期。前后接近1个月的时间，当然，季节、年龄、营养程度、体质状况等都会带来发情的异常。尤其是发情期的1个星期左右，也是从发情前期开始第12天、14天，一次发情，交配1～2次，保证受孕概率。

发情期，母犬情绪兴奋，较为焦躁，服从性减弱，有易吠倾向，饮水量增加、排尿次数增多，外阴部充血，有时会舔舐阴部，伴随主动接近公犬的行为，同时伴有红色黏液渗出，“出血”量由少到多，发情后半期停止“出血”。在这段时间，要给予母犬更多的关注。

首先，严防母犬被交配，这种情况时有发生，主要是主人对“敏感期”疏于防范，造成既成事实的“结果”。由此在母犬发情期间，一定要看管好自己的宝贝，不能随意散遛。

其次，发情期间母犬的食欲不佳，状态萎靡，也可以从饮食上做一些调整，更加营养丰富、适口性好，容易消化的食物会改善发情期间的母犬状态。

如果母犬在6岁以上，并没有配过，最好不怀孕。一方面受孕概率不大，另一方面对于身形较小的狗狗具有一定危险。

初次发情，并非交配的最好时期，当1岁半以后，身体发育较为成熟交配为好。

对不熟悉的公母犬，需要一段时间来让它们适应，没有经验的主人，可以求得专业人士的帮助协助交配。

交配时间最好选择早上或者是傍晚，交配地点最好是狗狗们较为熟悉的环境，选择生疏的场合或很多人围观，非常容易造成狗狗紧张。

如果确定母犬已经怀孕，最好像日常一样，不必过多地补充营养，哈士奇母犬一旦怀孕期过度肥胖，对生产造成困难。

2. 哈士奇母犬的怀孕

哈士奇的怀孕期在60天左右，在这并不漫长也不短暂的日子里，每一个家庭都满载着喜悦和期盼，因为会有新的小生命即将到来，这是一件多么高兴的事情！

（1）怀孕期间的表现 母犬怀孕后，食量较以前增加不少，体重有所增加，腹部增大。人们认为，此时需要补充适当的食物和营养，也要开始添加适量的营养品，让肚子里的宝宝更快地成长，安心保胎。

其实，有些狗狗对自身的变化并不敏感，行动和表现较先前差异并不大，我们的心态也不必过于紧张和担心，细心观察并提早预防，心情会更加放松。

（2）假孕现象 狗狗假孕的情况目前并不少见，主要是由于内分泌失调，以及心理和犬类行为等综合因素所致。尽管腹部也会慢慢增大，但体重并没有明显增加。乳腺也会有所发育，母犬也会呈现似乎已经有宝宝的泌乳现象，但很少形成初乳，行为上也会变得不爱运动，经常“宅”在家中懒得动弹。假孕现象反复出现的几率存在，当然过了预产期后，也不会真正生下小狗狗。最好的解决方案是实施绝育手术。

（3）怀孕的三个阶段

第一个阶段（1～30天）： 此时的狗狗体征较不明显，如果想确定怀孕状况，可以通过动物医院B超检查。同时尽管母狗的食欲有所增加，也最好采取“少食多餐”，食物最好易消化、好吸收。最好选择妊娠犬粮或者幼犬粮，观察排便是否正常，避免剧烈运动，尤其是跳跃和跨栏，会导致流产的发生。这个时候，过剩的营养不会给胎儿，而是让母犬吸收，体重增长过快增加了脂肪，也不利于生产。

第二个阶段（31～45天）： 我们在日常会观察到，母犬出现尿频现象，由原来的一两次增加到四五次，狗宝宝的发育加快，我们也要更加注重营养均衡和营养质量。“食量越多，补给给宝宝的越多”的观念，会导致狗宝宝的个头过大。哈士奇并非小型犬，小宝宝的数量较多，个个都大，狗妈妈难产的可能性更大。这个阶段，要保证哈士奇母犬每天的运动量，过于隆起的腹部，要到动物医院进行检查，是否能顺利生产。

第三个阶段（46～60天左右）： 越接近临产，越可以摸到小宝宝在狗妈妈的腹中蠕动，此时要适当控制其食欲，以“精”替“量”。在早上或傍晚带到户外散步，对于头次生产或者是母性不强的狗狗，更要关怀备至。主人也要多咨询动物医院的专业医师，通过检查，对生产的情况做出预期，千万不要仅凭网络上的知识介绍，自作主张地处理。

3. 哈士奇母犬的生产

（1）生产前产箱的准备 介于临产提前1~2个星期左右，要准备好产箱，且产前就让母犬入住。箱子大小足够让母犬和未来的小犬够用，产箱三边高，能形成防风保温效果，一边低便于母犬出入，但又要防止幼犬随意爬出，顶部最好可以拆卸，便于观察箱内情况。生产时间有可能早几天或者晚几天，我们必须悉心观察和等待。

产箱的布置越周到越好，不怕准备得繁杂，就怕想得不够周到。

一般情况下，临产会赶上夏季或冬季，要根据室内温度和通风情况选择合适的位置。要便于我们对狗狗的观察，又不能安置在过于嘈杂的过道。尽量让狗狗觉得有安全感和舒适性，对环境不要感到陌生。

产房的铺垫柔软、厚实，最好有带着主人味道的旧衣服或其他物品，铺垫的外面做好几层包裹，便于及时更换，替换下来的铺垫及时进行消毒和日晒。

安置一个温湿度表，日常在22℃即可，一旦生产后保温要提高到28~30℃，所以提前安置好一些灯泡（如20瓦/40瓦）或保温物品（如暖水袋、电热毯等）待用。

产房周围的灯光不宜过亮，周边环境的家具要简单且放置牢固，所有可能的危险物品全部收起，尤其是对于出生后的小狗狗可能造成的意外，必须做彻底检查。

无论是夏季和冬季，最好配备空调和加湿设备，根据温湿度的情况及时进行调节。

（2）产前狗妈妈的准备 由于哈士奇腹底的毛长，生产前要全部剃掉，让出生后的狗宝宝很容易找到奶头。狗妈妈开始寻找垫窝的东西，才不会引起安全危险和不测。

由于生产后的一段时间内，不能给母犬洗澡，所以产前的卫生清洁要提前做好，可以将母犬身上的皮毛剪短或剃短。

产前最好再进行一次检查，倾听动物医院医师的建议和意见，对于生产过程、幼犬的护理，都要提前做好精神和物质的准备。

（3）生产的预兆和准备 临产前，母犬会出现没有食欲或食欲下降，甚至呕吐，找产箱，焦躁不安，可以看出有阵痛的表现，体温也会较先前会降到大约36℃。

当子宫颈分泌大量黏液，是即将分娩的先兆，可能会在24小时或36小时即将出现第一次宫缩。

此时要调整产房的温度和湿度，使用专用消毒剂对母犬的身体和周围环境、产房进行消毒，并准备好产前备用的工具：卫生纸、干净的毛巾、脸盆、剪断脐带用消毒后的剪刀、医用手套、纱布和布块、捆绑脐带用的

由于人的本性所致，小哈给人的亲近感，又是另一种欣慰！

线绳、消毒用的70%酒精、3%的碘酊、专用消毒剂、催产、止血的药物等，还有温水。

计算好临产时间，如果直到65天前后甚至到68天还未临产则属于异常，必须马上就医。

准备好就近动物医院的联系方式，最好有直接联系动物专业医师的电话，了解动物医院的营业时间、夜诊情况等。

（4）生产过程 临产开始前几小时，母犬会由于阵痛坐卧不安，用爪子用力挠产箱，排尿次数增加，呼吸也较为急促，发出呻吟声。

分娩有时会在凌晨或者是夜晚，母犬由于母性一般都会咬破羊膜，有的是直接开始生产，咬断幼犬脐带并舔舐幼犬的身体，我们在旁边要随时观察，保持安静，避免室外的过大响动（如汽车声、鞭炮声、施工或装修的噪音），必要时可协助母犬生产。

如果第一个小宝宝顺产，剩下的问题不会很大。出现狗宝宝臀部先露出来的情况，我们可以帮助母犬分娩。

母犬分娩时间为3～4小时或者更长，每只间隔大概在10～30分钟。少数情况，会出现间隔数小时才再度生产。如果狗宝宝在阴户露出，但不能顺利生产，即为难产，要给予助产或是剖腹产。

针对有些哈士奇母犬母性及护理能力特点，有“食崽”或挤压小宝宝的情况，要轮番留人监护，并及时制止。

母犬食入胎盘是正常情况，具有催奶效果，但不宜多食，不必使它受到惊吓。

哈士奇一窝要是多胎的情况，中间可以让母犬有适当放松和运动，但是否要到户外还是视情况而定。

超过12小时，还有幼犬在母犬腹中，并且宫缩无力，要及时将其送往专业动物医院，由医生决定注射催产针继续生产还是进行剖腹产。剖腹产手术需要全身麻醉，并具有一定的危险性，所以建议以保全母犬健康为原则。

其他的难产或产道大出血情况，务必先阻塞阴道，马上联系动物医院，以防不测。

待到母犬不再出现宫缩及努力生产的表现，并安静地舔舐狗宝宝时，大概生产已经完毕。如果不能确定，可以请有经验的朋友或动物医师做出判断。

在确认所有幼犬都已经降生后，擦拭奶头，开始给幼犬喂奶。

（5）人工助产说明 一般情况下，即使是哈士奇妈妈第一次生产也不需要太多的人工助产，但家人在一旁陪伴可以给狗狗很大的安全感，并可以时刻观察，及时帮助它顺利生产。

以下是人工助产的可能情况，希望大家现场留意：

● 当幼犬头部已出，但身体被卡不能继续“产出”时，要及时配合母犬，用医用纱布携裹着幼犬慢慢拉出。

● 当幼犬产出后母犬并不咬破胎膜时，要及时将胎膜撕破，同时小心清理幼犬口鼻的污迹，保持其呼吸顺畅。用手握住幼犬身体，擦拭背部或轻微抖动头部、颈部，直到幼犬可以出声。

● 当胎盘有部分没有完全排出时，用手小心拉出。

哈士奇难产的几率不大，不过仍不可掉以轻心。发生以下情况都不能顺利生产，最好直接到动物医院，通过剖腹生产，如阵痛微弱、产道狭窄、胎位不正、幼犬过大、胎盘早期剥离等。

4. 哈士奇母犬产后环境及体质护理

（1）产房环境的注意事项 母犬产后,要及时清理产房的黏液和血迹,用温水和温毛巾帮助母犬清洁身体,更换母犬的铺垫。

及时将产房环境的温度和湿度进行调节，必要时可以在产箱上方安置并打开灯泡，让温度提升，也可以使用热水袋、暖气设备、电热毯等。

如果赶上夏季生产，室内要保持30℃左右恒温。

出入产房的人员不要过多，最好消毒后再进入。

（2）母犬产后及体质的护理 母犬产后无论是体力还是体质，都受到严重影响，同时还要肩负着喂养小宝宝的重要职责。在饮食上，开始补充饮水（或者添加葡萄糖水），数小时后开始进食，除了狗粮，可以补充一些鱼汤、鸡汤等容易消化的食物，少食多餐，适当补充一些营养品，特别是补充钙质，过于油腻的肉类应尽量避免，一星期以后，逐步恢复正常。

适当的运动有利于母犬体力的调整和恢复，遛犬的次数，比平日会增多。防止在行动和喂奶中挤压、踩踏幼犬。

对于母性不强、不积极喂奶的母犬，或者是不为幼犬刺激排便排尿等情况，家人要帮助母犬或幼犬。

初乳是产后3天内的乳汁，对每一只小哈都非常重要，要给予每一只小哈平均地“分配”初乳，其中的母源抗体使幼犬获得足够的免疫保护。3天以后的“常乳”保证小哈的正常发育，然而小哈只数多或乳汁不够、排乳不顺畅等情况时有发生，可借助人工饲喂宠物专用奶粉，或者使用温毛巾按摩母犬乳房加压挤乳。另外，改善饮食（添加猪蹄汤、鱼汤等）进行助奶。每日每只小哈至少喂奶五次，通过体重比较，给瘦弱的小哈增加喂奶次数。

刚刚经历生产并哺乳的母犬，会非常护崽，应避免和陌生人接触，不能受到惊吓，也不宜轻易改变环境。

一星期左右，要将小宝宝的指甲剪掉，修剪圆润，避免在吃奶时给母犬造成伤害。

如果母犬出现抽搐、呼吸困难、体温上升甚至昏迷，需要第一时间将其送至动物医院抢救，这可能是由于缺钙造成的身体机能反映，动物医院的专业医生会对其进行处置，切勿自行喂药和补充钙质。

如果母犬身体发生其他病状，最好马上停止喂奶，求助动物医院治疗，母犬的健康是第一位的。

母犬分娩几个星期内不急于尽快洗澡，也不宜产生环境的应激反应，如果出现停乳，后果十分严重。

四、成年哈士奇的需要

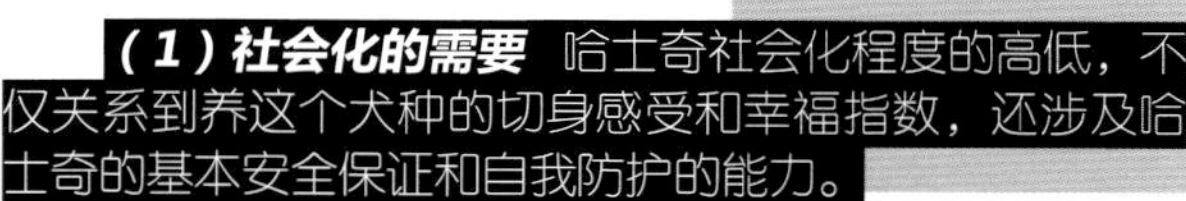

（1）社会化的需要 哈士奇社会化程度的高低，不仅关系到养这个犬种的切身感受和幸福指数，还涉及哈士奇的基本安全保证和自我防护的能力。

（2）多做事的需要 尽管哈士奇已经是我们的宠物犬，不是工作犬，但多多地训练它、让它乐于接受我们的指令，并严格照办执行，会得到更多地爱抚和夸奖。

（3）接近自然的需要 哈士奇不是观赏犬，不是“宅”犬，要遵循这类犬只的自然成长规律，多运动、多到大自然中去、多晒太阳、多做户外的活动。

（4）消磨时光的需要 成年哈士奇和幼犬不同，不光是要等候我们归来，它们会把运动的需要、交往的需要、认知的需要、伙伴的需要、异性的需要、玩乐的需要等，都作为消磨时光的方式。

Part 9

"它"的扮靓

哈士奇狗狗不用太多人工美容，就显出一副威武英俊的英雄气质，为主人省了不少花费和麻烦。但是皮毛的梳理和养护同样不可缺失，它关系到日常狗狗身体健康的大事。主人不能掉以轻心、马虎为之啊！

哈士奇只需护毛，不用修剪，省去不少麻烦！

一、养护哈士奇的**皮肤和被毛**

哈士奇拥有双层被毛，外毛和内层绒毛比例是1:8，外毛尖端深色发亮（又叫银尖），有效阻挡紫外光和环境的热量，内层绒毛粗密紧实，有油脂分泌，既防水还能御寒隔热。观察哈士奇的被毛是否光滑、油亮，也可以判断其皮肤的健康程度。营养均衡、身体健康的哈士奇不易掉毛，为日常护理减轻了很多负担。

哈士奇的体貌特征受到众多犬友的喜爱，离不开优质的被毛表现。但是，由于哈士奇并非蓬松飘逸的长毛犬，感官上的皮毛很服帖，许多人会觉得日常护理很麻烦，没有必要。

哈士奇的皮毛容易出现以下几个问题：

● 皮毛稀疏，感觉不饱满，显示不出来哈士奇特有的巍然英气。
● 皮毛干枯，没有光泽，让哈士奇看起来没有精神。
● 换毛季中，成块地掉毛，好似一只“流浪狗”。
● 身体的部分区域出现毛结，还会夹杂污渍和杂物。

要做到很好地养护哈士奇的皮肤和被毛要从以下细节入手：

● 从小让哈士奇接受抚摸身体的各个部位，包括敏感区也要能够触摸。
● 主要是要梳透、疏通内层绒毛，外层毛很容易打理。
● 任何皮肤上的症状及时发现后都要对症治疗。
● 经常为哈士奇按摩皮肤、梳理被毛，加强血液循环。
● 多晒太阳、多运动，促进新陈代谢，提高皮毛的质量。
● 注意日常饮食、营养搭配，适当补充微量元素或美毛产品。
● 保持室内通风，温度不要过高，适当增加湿度。
● 杜绝用人的食物饲喂给哈士奇，包括零食、冷饮、高糖、高脂肪、淀粉食品等。
● 适度清洁，保持皮毛油脂量。
● 选用宠物专用护毛产品，条件允许的情况下，洗护分开，每次一定彻底吹干。

二、为哈士奇选择合适的雨衣

很多地区，一年中有雨雪状况的时候并不少见，给哈士奇配备一件合适的雨衣，再也不担心被淋湿感冒了。

1. 宠物雨衣和日常宠物服装的区别

（1）日常宠物服装的功能性不强，主要是考虑美观和保护身体清洁；宠物雨衣选择强调实用性、耐用性、便利性。

（2）日常宠物服装关注款式、颜色、配饰、大小及流行元素；宠物雨衣关注细节把握，是否能让宠物穿着较为舒适和习惯，是否穿着便利，是否能不影响自由活动，是否能与牵引绳配套。

（3）日常宠物服装的发展强调个性化、时尚感、档次多样、价格高中低都有；宠物雨衣在使用上的普及率不高，对于价格过低的要考虑其产品质量及使用安全。

2. 宠物雨衣的选择

（1）兼顾颈围、身长的不同，并观察哈士奇穿上后的行动是否正常，过大、过小都会让哈士奇不自在。

- 颈围：穿上衣服后，领口要能伸入两个指头，作为舒适度的考虑。
- 身长：从颈部的根部到尾根前，测量狗狗的身长与衣服的长度一致为好。

（2）宠物雨衣披风式居多，注意头部是否能合理遮挡雨雪渗入。

（3）如果宠物雨衣上使用装饰性纽扣，按扣不宜让狗狗咬到，避免拉锁或粘合的使用，要做到穿脱方便。

（4）观察宠物雨衣的原料选择、制作工艺、细节处理、品牌情况，最好是实地试穿后购买。

3. 宠物雨衣是否好用？

让哈士奇习惯穿雨衣外出是需要适应几次，也不必太着急，服从性好的哈士奇，经过主人的口令和要求，一般都能接受。

不要采取穿上雨衣就奖励的方式激励哈士奇，可以选择外出回来，收拾好身体后，进行一些奖励，但不用每次都做。

遇到坚决不穿雨衣的哈士奇，不要斥责和逼迫，引起哈士奇的强烈反感反而达不到实际功效了。

三、哈士奇的洗澡

Q：什么情况下不适合洗澡？

A：生病的狗狗洗澡很可能使病情加重；2个月以下的幼犬没有完成疫苗注射容易着凉，不适合洗澡。注射疫苗后洗澡会影响疫苗的效果。不要希望通过洗澡能去除体外的寄生虫，如虱子、跳蚤等。有皮肤病或外伤的哈士奇，最好在动物医院专业医师的指导下洗澡。

Q：哈士奇很耐脏，等脏了再洗吧？

A：主要是因为哈士奇的毛色让人感官上觉得很干净，同时哈士奇的外毛比较服帖，内层绒毛不容易被搞脏，因此要是真等到里外都脏了，清洁起来会感觉非常吃力。冬春三个星期左右，夏秋两个星期左右洗澡清洁一次就可以了。

Q：洗澡时间的选择上有不同吗？

A：阴雨降雪后最好不要马上洗澡，因为气温低、湿度大，容易引起哈士奇感冒。选择中午到傍晚比较适宜。在宠物店洗澡，接狗时注意是否完全吹干，尤其是四肢内侧或颈部和胸毛，如果太赶时间，会不易将皮毛完全吹干。

Q：哈士奇在家自己洗澡有什么注意事项？

A：先不要着急进入水池洗澡，最好先将哈士奇的双层毛梳透、梳通。下水清洁时，充分让皮毛与洗毛剂接触，可以用手按摩毛根。要让哈士奇从小习惯洗澡，而不是反抗和拒绝，甩水是哈士奇的坏习惯，要及时制止。

多使用吸水毛巾，将哈士奇上上下下、里里外外的水尽量多吸下来，多擦拭几遍身体，减少吹毛时间。尤其是内层绒毛，吹风时不能急躁，先用吹水机一层一层地吹，或者加上一个吹风机，到七八成干，换成中档中低温，直至吹干。

如果哈士奇没有适应洗澡、吹风的过程，这将是在家里非常“博弈”的“战斗”。吹风时间长会使哈士奇很焦躁、不配合、可能企图逃走，或者趴在桌子上不起来。若主人缺乏耐心，也有可能吹到半干就干脆放弃，因为还有满地的水和毛要清理。

不要因为是夏天就可以让哈士奇自己晾干湿漉漉的皮毛，密实的内层绒毛很难在短时间内自然变干，水气难以蒸发，就会覆盖在皮肤上，导致细菌滋生，极易诱发皮肤病。因此，只要是在家给哈士奇洗澡，吹风一定要吹干，最好配备大功率的吹水机和吹风机，选择适合的美容工具，再配上人力，以节约时间。

Q：哈士奇在外（宠物店）洗澡需要如何选择?

A：选择口碑较好、服务较好、经营稳定的宠物店。宠物店的经营者，对宠物店的经营，尤其是对宠物美容业务，必须具有一定的经验和管理要求，才能保证宠物服务的质量和品质。

宠物美容师要有爱心、责任心，了解狗狗习性和特点，一般他们的技术经验较为丰富。

Q：哈士奇在外（宠物店）洗澡需要做怎样的准备?

A：最好自带吸水毛巾、浴液、美容工具，避免被不健康的狗狗交叉感染。

Q：哈士奇洗澡如何选择专用宠物浴液?

A：不要使用人的浴液和护发素；要选择洗澡的宠物专用浴液，如短毛犬专用（或者是还原色专用），有一定的抗静电功能、低泡、易冲洗、对皮肤刺激性小，冬春季节不要使用杀虫功效的宠物浴液。护发素的使用量不要太多，否则会给人难以吹干的感觉。

Q：哈士奇洗澡需要准备的美容工具和用品有哪些?

A：针梳、排梳、柄梳各一件。大马力的吹水机（2 000瓦以上）、吹风机各一台。宠物专用浴液，稀释瓶，吸水毛巾两块，以及指甲刀、小电剪、直剪、洗耳水、止血粉、棉签、医用棉球等。

四、哈士奇的专业美容

哈士奇专业美容的前提是专业的皮毛护理、清洁、洗澡、吹风，达到最好的状态。

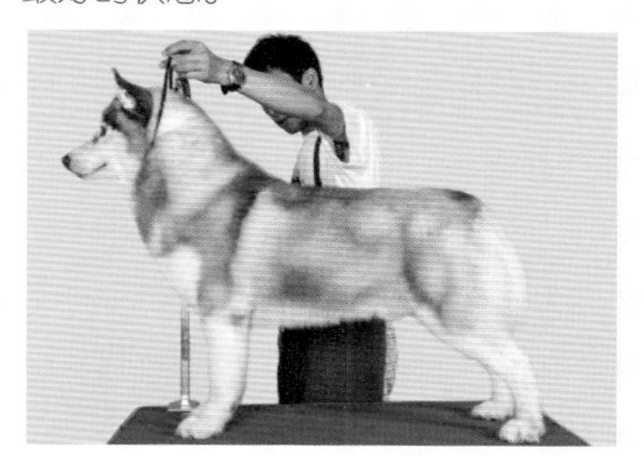

● 哈士奇经过清洁、吹干、梳整程序后，使用蓬松造型摩丝喷洒至哈士奇身上。

使用后毛发蓬松，整洁，易梳理，可使造型长时间保有最佳状态。无论干、湿皆易梳理且可避免纠结干燥，不会僵硬或黏腻。不含酒精、漆或刺激性化学品，可安心使用。

● 使用定型润丝喷雾。专为背毛需要自然硬直效果和自然定型效果设计。常温下快干，不僵硬、黏腻，防水配方，即使在潮湿的天气，毛发也时刻保持定型效果。干湿背毛皆易梳理且不开断，持久保持自然光泽，亦不受静电困扰。天然无刺激，易清洗。

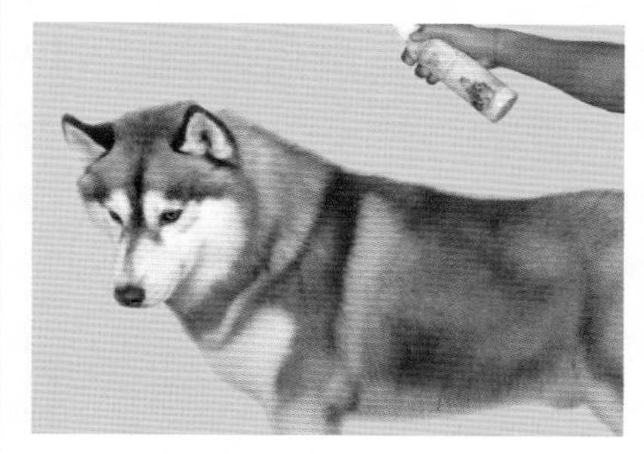

● 从根部剪掉胡须。

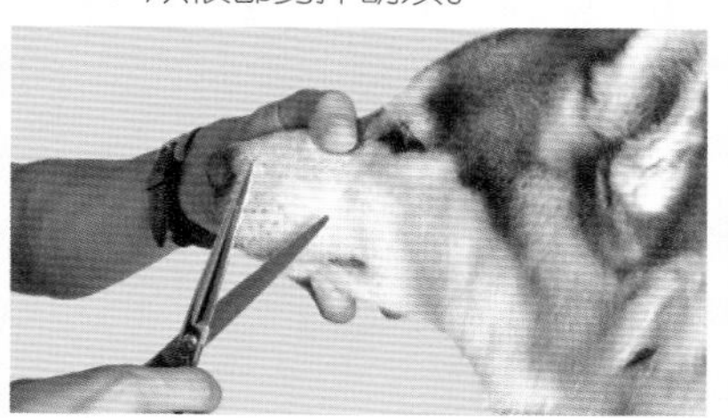

● 修剪整齐唇边的毛。

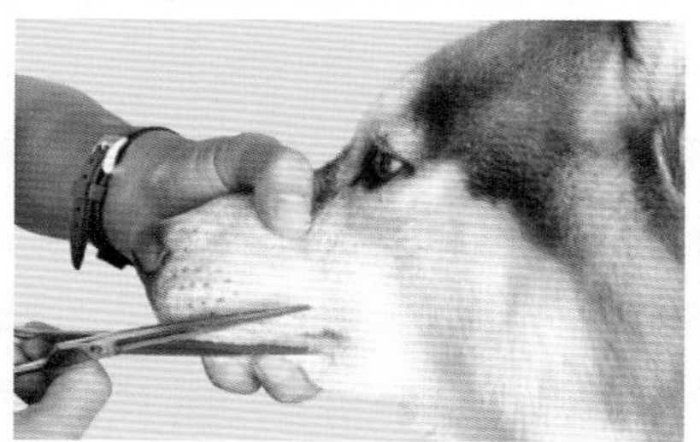

● 修剪脚底毛。

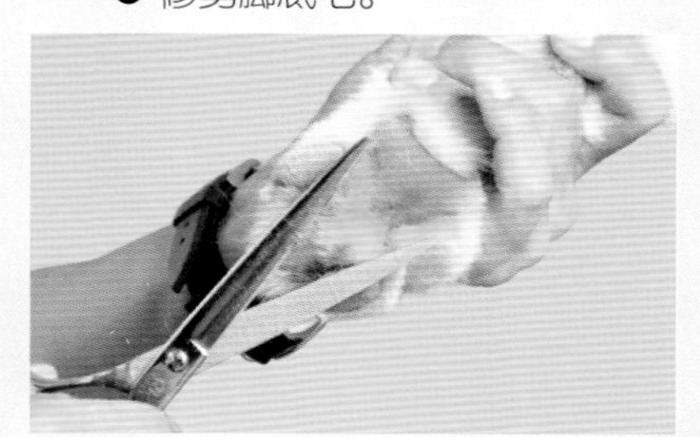

● 将足边多余的毛剪掉。

● 修剪整齐耳边的饰毛。

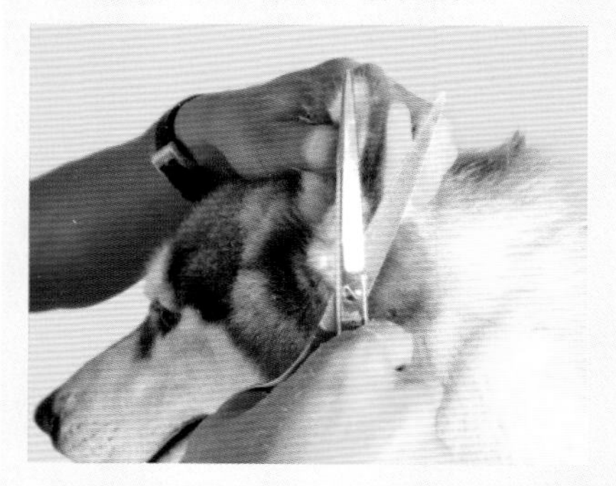

● 用直剪修剪后，腿显得直而有力。

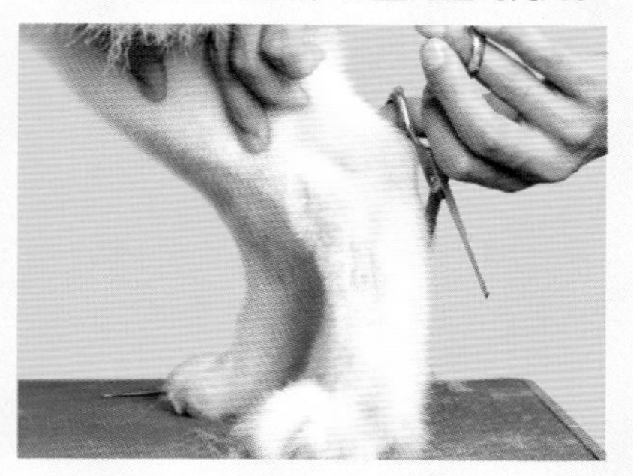

● 深层活肤护毛霜：富含小麦胚芽油、蛋白质、维生素E等营养成分。可迅速修护、滋润干燥受损的毛发及皮肤，防止干燥发痒，且不油腻，不含防腐剂等化学添加，且散发清新玫瑰香气。低敏感，抗静电，瞬间恢复被毛的光泽与垂顺效果。

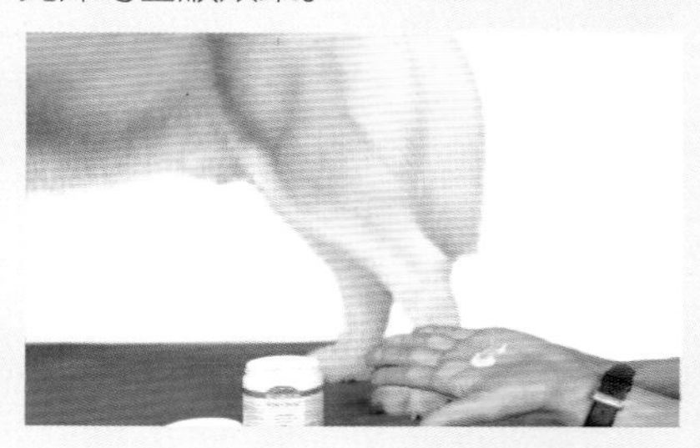

● 美白洁毛粉：可吸收多余水分和油脂，去除泥土或尿液等污渍。适用于任何毛质及毛色，不含研磨剂或有害添加剂，无毒性，无刺激，使用安全。用软毛刷或粉扑直接涂抹于干燥的被毛上，用针梳逆方向均匀梳开，即可获蓬松、焕然一新的效果。

适用于腿部、臀部饰毛等。

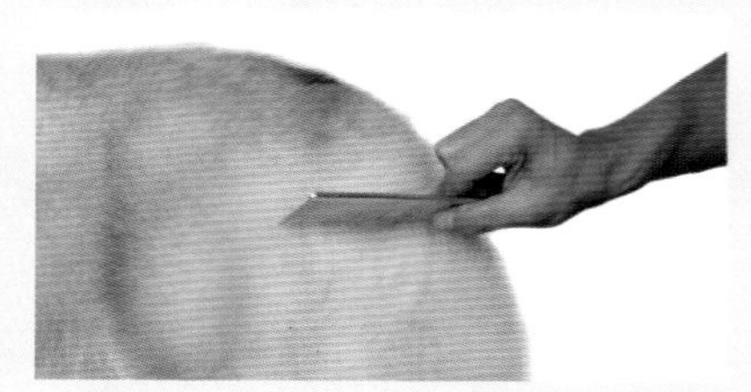

● 美容效果：如图所示。

Part 10

“它”的成长课堂

哈士奇的性格刚毅豪爽，争斗好胜，体力充沛，不妨在技能学习方面多教一些武士的不凡身手，让它们的技巧与精力释放出更多的光彩，给我们带来更多的乐趣！

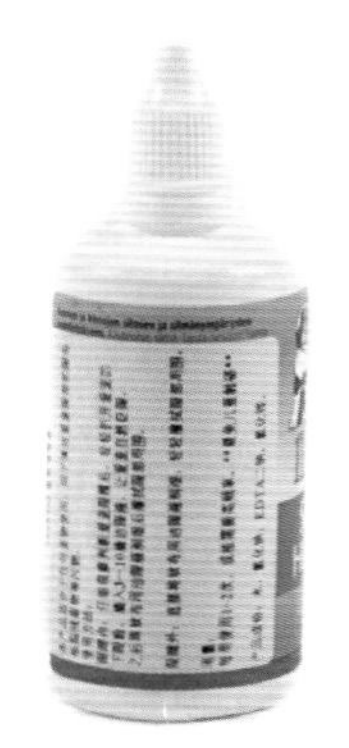

一、日常护理大课堂

1. 测量体温

日常生活中，养成给狗狗测量体温的习惯，可以一定程度上了解狗狗的健康情况。

健康狗狗的体温清晨较低，午后较高，一昼夜温差不超过1℃。

小哈体温38.5～39℃，成年哈士奇37.5～38.5℃，肛温比后腿内侧要高0.5℃，幼犬比成犬高0.5℃，运动、有压力、紧张的时候，体温会短时升高一些。

测量体温可将体温计夹到狗狗后腿的内侧，5分钟左右即可。

2. 检查眼睛

眼睛的健康程度可以反应哈士奇的身体状态。每天都要观察哈士奇眼部分泌物是否增多、眼结膜是否发红、眼角膜是否有破损或白斑等。眼部的疾病，如结膜炎、角膜炎、青光眼、眼睑问题都会造成眼周分泌物增多，产生炎症，甚至脱毛。

使用专业宠物护理眼液清理泪痕和眼睛。如果确定是眼部疾病或者是其他病症引起的眼疾要及时咨询动物医院。

3. 检查耳朵

哈士奇自身的体味不重，如果感觉身上有味道，要仔细查看耳朵是否有炎症。尽管哈士奇是立耳犬，但耳道呈L形，由于温度、湿度、操作不慎而滋生细菌或让脏水渗入，都可能导致耳道炎症。

最好每天检查一下耳朵的基本情况，发现哈士奇经常摇头、弹耳朵、能够闻到耳道刺鼻的气味、看到黑褐色的分泌物时，首先要进行及时清理。

最好使用专业宠物洗耳水或者是预防治疗耳疾、耳螨的宠物药品，不能使用酒精或水。将药品1~2滴倒入耳道，轻揉耳基，最后用棉签仔细将污垢掏净，哈士奇的耳朵耳道较大，也可以使用医疗药棉进行擦拭，防止棉签掉入耳道。如果没有形成从小掏耳朵的习惯，哈士奇会由于疼痛而反抗，最好有家人帮助固定四肢。要保证清理干净，不可仅在很浅处擦拭，如果发现掏出成块的污垢并有脓水，应及时就医。

如果情况严重，可以剔除部分耳边、耳内的皮毛，这样方便清洁和上药，同时遵从医嘱采取治疗。出现哈士奇用爪子抓挠的情况时，要给它带上伊丽莎白圈，促进外伤早日恢复。

野外郊游归来，耳朵里也可能被寄生虫感染，造成耳疾，应时刻注意。

4. 口气检查

哈士奇从小就要养成洁齿、护齿的好习惯，可延缓牙齿的病变和脱落。如果哈士奇的牙齿有牙垢、牙石，会有口气，引发牙龈发炎、牙周炎等。

哈士奇在4～6个月会完成换牙，长成恒齿。这个阶段，可以通过宠物咬胶或宠物玩具，满足小哈磨牙的欲望，使乳牙脱落，顺利换牙。

减少口腔问题离不开日常养护，主要要从以下几个方面做起：

● 饮食以宠物主粮（干粮）为主，其他的湿粮、罐头或湿软的食物不喂或少喂。

● 可以在饮水中放置洁牙的宠物专用产品。

● 从小使用宠物专用牙刷和牙膏，让小哈适应操作和口味，不可使用人的用品。

● 每日保证餐后有狗咬胶进行洁齿。

● 牙齿健康但仍有口气，要到动物医院检查是否是消化系统或其他病症引起的。

● 如果牙垢、牙结石严重，要到动物医院进行洗牙洁齿。

5. 皮毛和皮肤检查

哈士奇的皮毛较为服帖，内层绒毛密实，不易发现皮肤问题。平日观察哈士奇是否有舔舐、抓挠情况。梳理皮毛时，仔细查看是否有红疹或者是皮屑过多、有结痂、疙瘩、皮损等皮肤问题。小问题不及时处置，很容易遍及全身，不能掉以轻心。

平时也可以通过吹风机逆毛吹起被毛进行检查，每次洗澡一定要吹干、吹透，即使是夏天，也不要自然晾干。被雨雪淋湿或者是在游泳池、河里、海里游玩后不可直接吹干，要进行彻底清洁。

由于外伤或者是扎刺等没有被及时发现时，哈士奇会不停舔舐。此时，一方面要及时处理创面，用药治疗；另一方面家中要配备伊丽莎白圈，防止哈士奇继续舔舐，造成面积扩大或感染。

如果在草丛中或陌生环境里玩耍后，应该使用专业宠物护理工具彻底梳透皮毛，尤其是内层绒毛，将树枝、尖刺果实、污物清除，同时检查是否有跳蚤、虱子等体外寄生虫，进行驱虫处理。

6. 测量体重

哈士奇幼犬的体重增长较快，成年后相对较为稳定。对于哈士奇过瘦的情况，最好到动物医院查验血项和粪便。体重过轻有可能体内有虫，哈士奇需要定期驱虫。如果是其他病症引起的消瘦，必须遵医嘱治疗。

对于贪食的哈士奇，若家中非常溺爱、乞食就喂，会成为肥胖的“元凶”。尤其是杜绝人的食品，高热量、高脂肪的食物长期给它饲喂。

每月都要仔细测量体重，查看体重的变化，肥胖会引起各种慢性疾病，对宠物寿命也会有影响。减肥需要坚持而长久，同时要加强运动和热量消耗，让狗狗健康发育。

7. 查看排泄物

哈士奇每日要保证新鲜的饮水和定时定量的饲喂，排泄也应该相对定次。如果出现排泄物偏软或气味较大，要选择更加适合的专业犬粮。如果排泄物呈现液状或带血丝，腹泻情况比较复杂，要咨询专业兽医。如果出现排泄困难，便秘时间不宜过长，以防其他并发症。

非病理性腹泻，可以采取停食观察，但腹泻不止，极易造成狗狗脱水，不能擅自饲喂人药止泻。

8. 修剪趾甲

狗狗四趾一般各有4个趾甲，要在出生一星期左右开始剪指甲，逐步适应剪趾甲的过程。对于缺乏运动又不定期剪趾甲的，很容易造成趾甲弯曲，甚至刺入肉垫中，这样哈士奇走路跑动都会受影响。

趾甲长期不剪或者由于先天原因，会使趾甲的血线很长，由于哈士奇的趾甲呈现半透明状，要先查看血线后再剪。专业宠物美容师会用止血粉压迫止血，所以也不必太担心出血对狗狗有伤害。

洗完澡后哈士奇的趾甲会较软，比较好剪。剪完趾甲后，可以用锉刀将边缘磨得平滑一些，尤其是刚剪完的趾甲，比较容易划伤皮肤，剪完的几天，多一些硬地上的运动，磨一磨趾甲。

9. 修剪脚底毛

哈士奇作为短毛犬，一般只是做皮毛护理，不做美容，如果平时只是洗澡、掏耳朵、剪指甲，则往往会忽视定期剪脚底毛。

哈士奇的脚掌较大，脚底有绒毛，时间长了脚底毛会形成毛结，也容易粘上各种杂物，很难清理。

最好两个星期左右对脚底毛进行一次修剪，在宠物店进行洗澡后，也要检查是否修剪了脚底毛。

如果脚底毛过多会减少与地面的摩擦力，运动起来就会有意识地放慢速度，嬉戏玩耍起来非常不"过瘾"！

10. 挤肛门腺

在狗狗肛门附近直肠口的两侧皮肤下面，有腺体会分泌棕褐色液体，如果不定期挤压排出肛门腺分泌物，容易导致腺体阻塞发炎。肛门腺液体味道刺鼻，如果量较大，或许和哈士奇饮食、饲喂有关系，挤完后可以抹些红霉素软膏，进行灭菌消炎。

哈士奇出现蹭屁股、咬尾巴、舔PP的现象，一方面应考虑是否是肛门腺的问题，如果肛门腺清理后，还有类似表现，可以考虑就医检查。

二、训练课堂

哈士奇已经在现代社会不是工作犬了，而主要作为“伴侣犬”。“伴侣犬”的定义，通常指不参与工作，仅为人类做伴、给家庭带来乐趣的犬。能做到这一点，需要该犬种有一定的社会化水平，与人接触友好而易沟通，具有服从性和不攻击性。能够通过简单的训练形成良好的日常习惯，陪伴主人和谐、快乐地生活！

对于哈士奇性格的理解，是否能够做到经过训练达到预期效果，往往部分人存在观念上的误区。

Q：哈士奇具有“狼性”特点，很难驯化？

A：在哈士奇和人类共同生活的漫长时间里，一直没有停止对它的驯化过程。从日常劳作中树立领导和被领导、管制和服从的关系，到将其“狼”的野性逐步变成家宠的顺从和乖巧，这不仅是哈士奇性格的变化，也是环境对哈士奇产生的巨大影响。

不要觉得哈士奇所谓的“狼性”就不能被挑战，能进入宠物犬种的哈士奇，对人类完全是安全的。驯化程度的高低，或者说更接近于我们想象的理想状态，是既保持哈士奇特有的个性，又能够让它接受社会化的教育和指导。

Q：哈士奇太闹了，怎么管都管不了？

A：哈士奇性格活泼好动，尤其是幼犬顽皮可爱，这是无可厚非的。如果说4~6个月间，喜欢咬噬物品，换牙期更是情理之中。至于听话与否，哈士奇也有自己的判断，服从于“领导”，听命于“强者”，这是融入到它血液里的观念。不树立起“威严”和“地位”，哈士奇是不会唯命是从的。这既是哈士奇性格的特点，也是我们管不住它的主要原因。

Q：哈士奇总是注意力不集中，到处乱跑搞不定它？

A：既然已经选择，就要无怨无悔。我们要给予哈士奇更多的耐心、更多的热情、更多的责任。要遵循哈士奇的性格特点。注意力不集中，就要锻炼它排除干扰；到处乱跑，就要时刻牵引，不断训练，让它觉得和我们在一起才有安全感。

训练需要一个反复、重复、强化的过程。主人要有坚持到底的毅力，同时也是对我们和狗狗的关系的一种考验。只有建立起浓厚的感情和信任，才能将训练效果发挥出来，绝不能为了训练而训练！

训练的目的是要培养它们稳定而友善的性格，其次才是各种学艺和本领。

训练的前提，一方面是培养狗狗的好习惯，一方面是纠正狗狗不好的习惯。所以我们和自己的狗狗只有建立起相互信任、主人是领导、狗狗要服从的关系，才能保证训练的顺利进行。

训练的过程，要伴随更多的关心、夸奖、鼓励、赞美。特别是要与家人达到训练目的的共识，避免一个唱红脸、一个唱黑脸，尤其是少用斥责、歧视、吼叫的方式。

对训练内容的理解也有一个过程，不要声色俱厉地不断纠正，让自己也让狗狗都失去了耐心和信心。

每个犬种的狗狗都是具有学习心理的，只要我们给予它们有效的刺激。也就是说，要寻找到狗狗喜欢什么，能够吸引它注意力的，无论是食物、玩具、声响等。再通过条件反射、印记、惯化、模仿等，就能让哈士奇上好训练课堂。

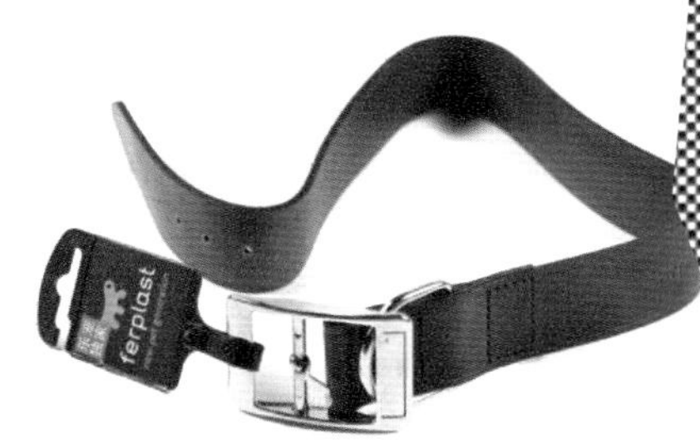

- **口令** 口令是狗狗训练中非常重要的内容，口令的发出必须清晰明确，传达口令时语气要如一，声调要相同，音量要适中，不必过于严厉和声嘶力竭。

  口令在于不断地重复，对狗狗形成条件反射，并根据口令做出准确的反应，同时要给予一定的奖赏。

- **手势** 口令配合手势，可以较远距离传达给狗狗信息。手势不可将信息相互混淆，应让狗狗好识别、好记忆和好理解。

- **项圈和牵引带** 项圈配牵引带，或者是使用伸缩牵引带，都可以在训练中起到控制和纠正狗狗动作的作用。

1. 幼犬训练

（1） 训练时间 三个月到一岁前，都是进行基础训练的好时段。训练开始时间的前提是，我们已经和小哈建立了好感和信任，它对我们的存在不抵触，易接近。

（2）训练法宝

● **抓住兴奋点**：尽快熟悉小哈的兴奋点，玩具、食物还是专属物品，只要是它喜欢的自然能够乖乖地听话了！

● **“言必行，行必果”**：发出的指令必须要不折不扣地执行，不执行就要重复，不做好就要返工。这样的条件反射，会让小哈“无路可退”，只能就范。

● **要说“NO!”**：做不对，就是要说“NO！”。马上停止不该做的事情，或者是做错的事情。这样的指令，比斥责和惩罚更有效果，目的性更明确。

● **适当奖励**：对于小哈，尽管是做对了，做好了，也不能每一次都奖励，不能让小哈摸到规律性一定会获得的奖励，否则它也会和我们搞“心计”。

● **使用牵引绳**：使用牵引绳可以最大程度上稳定小哈、指引方向、对动作进行提示、起到很好的示范作用。

（3）六大训练攻略

1）适应环境的训练

训练要点：

● 适应家中的环境：分清哪里可以去哪里不能去，不能去的区域要及时制止。

● 适应周边的环境：运动在哪里？上厕所在哪里？在哪里可以松开牵引绳自由运动？破坏环境的事情不能做。

● 适应接触同类及和人打招呼：要在被牵引的情况下，知道和同类接触是需要分寸的；在与人打招呼的时候，要学会看主人的“脸色”，不能扑人和乱动。

● 适应白天和晚上的不同环境：使用伸缩牵引绳，让哈士奇在遭遇不同环境时，尤其是看不到主人了，能够及时寻找，并准确地回到主人身边。

2）上厕所的训练

训练要点：

● 选择狗狗在起床时、饮水后、进食后、白天睡觉后、玩耍后、睡觉前的某个时候安排便便。

● 在狗狗尿过、拉过便便的地方铺好报纸，确定指定的排泄位置。

● 注意狗狗饭后、醒后是否在指定地点排泄。

● 报纸要在尿过、拉过后及时清理，并留下剩下干净的几张继续使用，切记，并不是每次都全部处理掉。

● 三天之后，狗狗会基本稳定在指定位置上厕所。

3）唤回的训练

训练要点：

● 保持狗狗原地不动的情况下，开始唤回训练。

● 让狗狗先明确唤回的口令，如“来”、“回来”、“过来”等，亦可以用它的“兴奋点”进行吸引。

● 唤回训练要注重身姿和手势，易于狗狗理解意思。

● 唤回训练的距离，应先近后远、逐步加大，不要一次就离得很远；不得已的情况下，使用伸缩牵引绳，不回来就收紧绳的距离。

● 唤回后要给予抚摸、赞扬等鼓励。

● 尝试在人多、熙攘的街道环境中进行唤回训练。

● 适当地奖赏，但并不是每一次都有奖赏。

4）不随地捡食的训练

训练要点：

● 将准备好的食物放置于散步经过的路上。

● 当狗狗有捡食或舔闻的行为，通过牵引绳控制，进行制止，并且说：“NO！”

● 不允许狗狗食到或接触到地上的食物。

● 用其他的食物吸引狗狗。

● 当停止行为后，给予适当的奖励，并反复训练。

● 远离喷洒农药、投递鼠药等有安全隐患的区域。

训练不必操之过急，因为它太可爱了！

5）制止狗狗吠叫的训练

训练要点：

● 当狗狗吠叫时，马上对它说：“NO！”

● 狗狗独自在笼具吠叫时，不予理会，说“NO！”

● 让狗狗习惯环境中的声响：如，门口有人路过、鞭炮声、汽车声音等。

● 让狗狗习惯接纳生活中的不同人群：如除家人以外的男人、女人、老人、孩子，以及各种职业的人。使用止吠器，训练狗狗停止吠叫。

● 消磨时光：在离开狗狗前，寻求它们能够消磨时光且安逸自娱的活动，例如准备食物或者玩具，还可以打开电视、放音乐等。

● 训练假象离开：让狗狗认为我们似乎会离开，让它们适应我们离开时不会吠叫。

6）随行

训练要点：

● 一旦狗狗自行跑到我们的前面时，需要紧拉牵引带，将狗狗带到我们的左侧。当狗狗落后于我们，使用牵引绳拉动狗狗，让其跟随在我们的左侧。

● 在我们前行过程中，狗狗伴随在我们的左侧，并同时与我们前行保持速度一致。

● 如果狗狗不愿意随同我们前行，可以通过狗狗喜欢的玩具和食物等“兴奋物”进行引诱，不过，不可让狗狗在我们左侧的过前或过后。

● 随行一段距离，或者训练其随行一段时间，通过“爱抚”与零食进行鼓励和奖励。

● 更换不同的环境训练随行，可以锻炼狗狗的稳定性，不因外界的噪音和复杂情况而出现突然放弃随行的表现。

2. 成犬训练

（1）训练时间 成犬训练，是在哈士奇具有一定的稳定性后，社会化程度也不断增强，要让哈士奇能够适应更加复杂的环境，提高反应的迅速性和准确性。

（2）训练要诀

● **无视失误形成习惯**：尽管训练中有不到位的时候，也不要求全责备，一个习惯的形成需要哈士奇不断重复，才能变成条件反射的行为。

● **设置难度奖励进步**：训练总要有难度设置，这样对哈士奇既是挑战，又充满乐趣。能够获得肯定，是哈士奇的追求，适当的奖励可以让它充满自信。

● **每天坚持循序渐进：**每次的训练时间不要超过15分钟，但是每天都要坚持有一个项目。

● **纠正错误不放弃：**纠正错误的过程需要耐心，也要让哈士奇明白错误被纠正是必需的。做正确的事情不仅能够得到爱抚、奖励，也可以获得主人的信任和陪伴。

（3）五大训练攻略

1）改掉扑人的习惯

训练要点：

● 对哈士奇的扑人，不做任何回应，包括眼神、肢体、笑容，都不要有所表现。

● 不要将扑人的哈士奇，进行推搡和拍打，更不要蹲下身体，使其"得逞"。

● 将哈士奇直立的身体、伸出的前肢，轻轻地放置在地上，并做出"坐"的指令。

● 保持"坐"姿，并稳定，可以给予一定的奖赏。

2）"不许动"升级版的训练

训练要点：

● 开始选择较为矮的凳子或桌子训练，面积不要太大。

● 将狗狗放置上面后，可以明确指令它"不许动"。

● 慢慢拉大与狗狗的距离。

● 当狗狗有跳下的企图时，明确说："NO！"

● 一方面观察狗狗的稳定情况，一方面不必理会狗狗，让它在凳子或桌上的时间至少保持10分钟以上。

● 每次训练以后，及时给狗狗食物奖励，并每次将狗狗抱下凳子和桌子，而不是示意它自行跳下。

● 逐步加大狗狗单独在凳子或桌上停留的时间，顺利完成训练后，都能得到食物奖励，这样狗狗就能养成非常稳定的“习惯”。

3）趴下和翻滚的训练

训练要点：

● 在坐姿的情况下，顶住哈士奇的左腿，左手把住项圈，用右手拿着食物吸引它。

● 将食物向下移到其前爪，使其前腿弯曲，头部随之向前方向下探寻食物。

● “趴下”的过程中发出指令，左手适当给力向下按，完全“趴下”后稳定住，重复该动作，全部正确后给予奖励。

● “趴下”的熟练掌握，即发出口令和手势后，马上反应，且能稳定不动。

● “翻滚”是在“趴下”的基础上，稳定住后，将食物举高于鼻子上方，协助其身体上仰，再翻身到趴下，再稳定住，结束一个翻滚动作。

● “趴下”+“翻滚”，完成优秀时得到奖赏。

4）跳跃栅栏杆

训练要点：

● 将栅栏杆的高度调到0.3米，起初要和哈士奇站在栅栏杆的一侧，人先跳过，同时口令“跳过”，使用牵引绳牵引它跳过。

● 助跑加跳跃的过程，一定要使用牵引绳，防止哈士奇碰撞到栅栏杆。

● 成功跳跃后要奖励，让其坐好稳定住，再反复3～4次，进行巩固。

● 不要着急增高栅栏杆，牵引绳的力度掌握要适度，并当哈士奇能轻松跃杆，反复成功后，再解掉牵引绳，再让哈士奇单独跳跃。

● 哈士奇在成功跳跃杆后要做的事情是原地坐好待命，由主人过来套上牵引绳。

● 跳跃栅栏杆是较耗体力的运动，尤其是连续多杆地跳跃，所以要注意训练和休息相结合。

5）叼飞盘/飞球

训练要点：

● 考察飞盘和球类是否是哈士奇的“兴奋点”，如果不是，更换成它喜欢的物品，并能够将其捡拾回来，交到我们手里。

● 强化哈士奇捡拾地上滚动飞盘/飞球的过程，过渡到将其抛出诱导哈士奇跳起来咬住。

好样的，
我也表扬你
一次！
PET CARNIVAL

● 开始抛出的距离要近，方向也要易于哈士奇咬住，逐步增加抛出距离和抛出高度，方向也更加让哈士奇难以预测。

● 接到抛掷的飞盘/飞球后，要将其交到我们手里才能作为动作结束，并进行奖赏。

● 哈士奇不能准确判断叼飞盘/飞球时间，可以原地练习，直到准确无误。

● 熟练掌握叼飞盘/飞球，不仅视觉效果好，也让哈士奇更有成就感。

训练的过程不会一蹴而就，关键是让狗狗清晰地明白，要想得到夸奖、鼓励、奖赏，只能做好，我们是不会迁就做错事的狗狗的。同时我们对训练中狗狗的错误、误解都要采取更加宽容的态度，而且有的时候无视狗狗的行为，让狗狗冷静面对，更有利于训练效果。

特别强调的是，训练的奖励，我们可能会一时高兴，不停地奖赏狗狗，喂个盆满肚饱，可这样会让狗狗容易厌倦，不再好好表现了。适度地奖励，更能让狗狗充满期待，“明白”要更加努力！

无论是幼犬还是成犬，在训练结尾，都寻求抚慰、夸赞、奖励，让训练在和谐的气氛中结束，训练课程不是我们“死拉活拽”的教育，而是共同“游戏”的快乐！

Part 11

"它"的健康生活

哈士奇与我们健康生活在一起，这是养宠人家的愿望，但免不了有些小病疼痛的麻烦。它们肠胃消化力弱，皮肤易过敏感染，肥胖也常见，所以主人常备一些诊疗常识，熟悉动物医院就诊的情况是必要的。

一、哈士奇健康问题的一般征兆

哈士奇每日都会与我们相伴，或多或少身体会有些不健康的表现，我们不能因此忽视一些表象的状况，贻误狗狗的病情，早发现早治疗是关键。

健康问题发生时的一般征兆：

- 食欲降低，食量减少，或拒绝采食。
- 呕吐不止，连续而伴随其他不适时要警惕。
- 不停咳嗽，干咳、湿咳、剧烈咳嗽、轻微咳嗽都是呼吸系统的主要症状。
- 喷嚏或流泪，感冒或流行性感冒的症状，避免引起其他并发症。
- 精神萎靡，食欲减退，眼部分泌物增加，嗜睡不醒，懒得动弹。
- 体温偏高，鼻液增加，鼻镜干燥，伴有咳嗽，呕吐不止。
- 情绪不稳定，吠叫，难以接近，身体触摸有疼痛感。
- 口水增加，间歇式抽搐，四肢痉挛，口吐泡沫。
- 尿液异常：尿血、混浊、发亮和减少。
- 排便异常：腹泻、恶臭、稀软，带血，便秘，有浓烈的刺鼻气味。
- 行走异常：步态不稳，不敢四肢着地、舔舐部分四肢。
- 行为异常：摇头频繁，不停地抓挠身体或耳朵等处。
- 牙床和舌头颜色异常：如果泛白是贫血，也有肠道寄生虫或便血的可能。
- 嗜食异常：食异物和杂物。

有以上的任一症状和征兆，不可熟视无睹，须采取切实的措施。

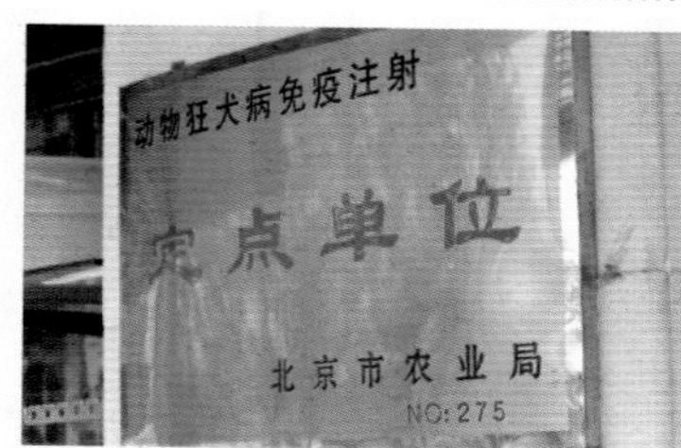

二、选择动物医院的关键点

● ***美誉度*** 动物医院的信息来源，经常是“狗友”们交流的话题，多收集一些这方面的情况，遇到问题可以马上做出决定。

● ***环境*** 动物医院无论大小，如果气味难闻，消毒、卫生一般，就很容易造成病毒交叉感染，把小病治成大病。

● ***资质和医疗人员*** 在正规宠物医疗机构，都有各种必备的资质文本，如《动物防疫合格证》、《动物诊疗许可证》等，对于考量其专业性至关重要。医疗人员也要有《兽医师资格证书》，以及考量从业时间、相关经验等。

● ***硬件设施*** 对于宠物疾病，准确地诊断是借助于先进的专业仪器和检验，这样有利于更加精准、细致地查验病情。

● ***价目表*** 动物医院应明示由物价部门核发或详细而全面的收费价目表。如果发现有乱收费的情况，可以向当地畜牧管理办公室、动物检疫监督站等处投诉。

三、去动物医院前的准备

● 手术前，严格禁食禁水。

● 在医院需要照顾狗狗时，最好有朋友一同前往，因为生病的狗狗需要照料，这样做会较好地办理各种化验、就诊、交费、处置等事项。

● 备好现金，万一不能刷卡，及时取钱，但要考虑狗狗不能带进银行的问题。

● 可以携带航空箱，避免与有病的其他狗狗接触。

● 准备一次性手套和大量卫生纸，可以准备尿垫以备不测。

● 携带牵引绳、口罩等，防范狗狗舔舐和咬人。

● 携带以往的就诊病例、 防疫证，以及有用的诊断说明。

● 准备保暖物品，如暖水袋、暖宝等以备需要。

● 有必要可以准备狗狗的便便，不必急来不备。

● 最好留意动物医院的电话，先电话咨询一下，顺便考察一下那里的服务如何。

● 按时前往就诊，如果可以预约，避免等待的时间。

四、选择值得信赖的动物医生

● 主人都会关心动物医生的诊疗经验，但更要注重诊疗的过程，动物医生是否细致地查看狗狗状况，听取主人的陈述，给予清晰明确的诊断。

● 主人只有通过和动物医生的交流，才能对狗狗的治疗做出最终的判断和决定，所以动物医生对病情和治疗的陈述，需要通俗易懂，言简意赅，完整而周到。

● 动物医生不能避重就轻地三言两语后，就直接给哈士奇治疗。对于治疗方案，包括费用、时间、疗效、副作用、是否还有更好的医院进行处置等问题，作为动物医生都要对主人有明确的解释和建议。

● 动物医生要详细地给主人说明诊疗过程，甚至包括药方中涉及的药物情况、药性效果、药剂的用量、相应的副作用、康复期的注意事项等都要有所解释。

● 选择一个信赖的动物医生，有问题可以随时咨询。

五、宠物就诊提示

● 平时积累一些对宠物的了解，在就诊前，对狗狗的状况进行一下总结。例如，曾经的病史；有什么反常的行为和举动；病状发展的周期和细节；是否自行进行过用药等，并如实相告，积极配合动物医生做好护理和诊疗。

● 出现狗狗需要就诊的情况，千万别图省事，委托朋友带其去动物医院，不熟悉狗狗情况的人很难说清病症前后原委，对动物医生的诊断不利。

● 一旦确有困难前往动物医院，也最好和动物医生进行电话沟通，及时介绍一些现实情况。

● 避免多个医院不断地跑，对不同的动物医院和动物医生总会提出各种质询。但作为主人，不断地更换动物医院也会耽误宠物病情，搅乱对病情的判断，失掉最佳的治疗时间。

● 适时地和宠物的主治医生联系，但也要注意时候和必要性，不要因此干扰动物医生的工作，还是在动物医生方便的时候进行沟通和交流。

● 如果半夜发生紧急情况，最好事先打个电话，问清是否有当班动物医生，避免空跑。

● 从动物医院回家，要对所有在医院接触的物品进行消毒，包括鞋子也要进行处置，及时洗手。

六、去势和绝育手术前后

如果没有计划让哈士奇繁育后代，或者由于基因缺陷不适合配种，可以选择去势和绝育手术。况且，手术本身对哈士奇的健康和长寿也有利无弊。

1. 公犬去势的好处

● 类似睾丸类疾病在哈士奇中老年以后具有较高的发病率，去势后，发病几率降低。

● 哈士奇作为中型犬，年纪增长，大小便排便困难增加，去势后，可避免前列腺疾病。

● 哈士奇易患肛门腺肿，去势后，发病概率下降。

2. 母犬绝育的好处

绝育手术会降低母犬糖尿病的发病风险，同时也不易患上子宫肌瘤、乳腺癌等恶性疾病，防止假孕现象，也减少了乱跑乱动，走失的可能性。

3. 去势和绝育手术的时间

可以选择在8～10个月前后，不要太早。无论公犬还是母犬，做手术前要保证身体健康程度良好，身体发育已经停止，选择母犬不发情的季节为好，气温适宜。做完手术，不仅不会再受其他犬只的打扰，性情也更加温顺。

4. 手术的准备

手术前，向专业动物医院的医生咨询术前的注意事项，由于要进行全身麻醉，所以类似空腹、禁食、清洁身体、检查身体状况、确认防疫时间等都要一一落实。

仔细阅读动物医院对于手术的各项协议内容，对可能发生的意外情况，也要逐一咨询清楚。

术后，将狗狗平身放置在安静的环境中，不能马上喂食和饮水，避免麻醉反应。狗狗会在醒后有一定的疼痛感，所以行为会较为焦躁，一般2～3天后，疼痛会逐步缓解。

按照动物医院的医嘱，一般公犬只需在家术后观察；母犬需要注射消炎针，并每日对伤口进行消毒，并于7～10天后根据伤口情况进行拆线。

如果出现伤口感染的情况，或母犬身上的安全服被撕扯等，都要尽早到动物医院处置。

七、哈士奇的常见健康问题

1. 髋关节发育不良症

髋关节发育不良症（CHD）是一种遗传发育性的病症，也有不良管理、运动过度、肥胖、补钙过剩、老年退化的可能。

主要症状表现为：后腿走路跛脚、不能用力、走路时身体发生左右摇摆，会出现肌肉萎缩。出现严重病变时，髋部感觉疼痛和僵硬，行动不便。

预防和治疗：第一个发病期可能发生在3~7月龄，成年后状况更加严重。所以最好在2岁内不能过度运动，控制体重，服用补充保护关节的药物。游泳是不错的减轻关节负担的好办法。不可繁殖。

2. 腹泻

腹泻的原因非常复杂，在幼犬时期，要保护它脆弱的肠胃功能。遇到腹泻情况，要先化验粪便，作出诊断。排除犬瘟热、犬细小病毒等传染病外，多数情况和寄生虫、肠炎、饲养状况有关系。

主要症状表现为：软便、水便，或伴有腥臭味道。

预防和治疗：针对幼犬腹泻一定不可掉以轻心，哪怕是腹泻初期也要及时将其带到动物医院检查。成犬腹泻，如果确实没有寻找到原因，最好停水停食观察24小时，再喂少量饮水，如果继续腹泻，有脱水的危险，不能私自饲喂人用药（如庆大霉素等），应及时就医。少食多餐，是对于哈士奇脆弱肠胃的有效对策。

3. 青光眼

青光眼是由眼压高所引起的眼部疾病，早期治疗恢复几率大，重症者视神经退化，有失明危险。

主要症状表现为：急性青光眼表现为疼痛感、眼皮睁不开、红眼、流泪等；慢性青光眼眼睛突出、眼球疼痛、眼球表面混浊、瞳孔放大、对光线反射消失、眼白充血等。

预防和治疗：原发性的青光眼（慢性眼病）使用药物和手术治疗；发病一年以上的，约40%的有失明可能。即使是单眼也有可能染上另外一只，治愈后也要定期检查。

4. 胃扭转

胃扭转即胃打结的情况。由于发病迅速，会带来一连串生理变化，出现低血压性休克，死亡率非常高。

预防和治疗：食欲旺盛的小哈和成犬，或是胸部厚实的哈士奇，要特别注意胃扭转的疾病。因为它们是此病的高发群体。我们要对哈士奇的饮食多加关注，不可暴饮暴食，少食多餐。出现胃扭转要马上就诊，可以采取手术治疗。

5. 脱毛症

哈士奇会在非换毛季节，出现局部或全身性的脱毛情况，主要是由于内分泌紊乱、蠕形螨、癣菌导致。

预防和治疗：要关注哈士奇的皮毛状态，每日检查、梳理，定期清洁。出现脱毛情况，不要自己用药，先到动物医院做确诊，因为治疗方案的不同或者不对症治疗，只能延误病情、导致严重后果。平时要多晒太阳，可以补给一些皮毛的营养品，增强体质和免疫能力，定期做好体外驱虫。在陌生环境下归来后，要细致检查皮毛情况，小块或小范围的脱毛就要引起足够重视，扩至全身的时间会很快，用人药的副作用很大，不了解病情会给日后的治疗带来更大的难度。

Part 12

和"它"快乐在一起

营造与狗狗的快乐生活是需要我们精心计划的。比如，与狗狗相处陪伴的时间要安排得当；我们与狗狗相处的思想方法要适宜；还有与老年犬相处的特殊问题等。

一、和“它”在一起的时间储备

1. 每日和“它”相伴的必备时间

● 无论是幼犬还是成犬哈士奇，每日两餐还是三餐，甚至四餐，每餐20分钟又可分2～4次完成。

从准备食物到狗狗吃完，陪在它的身边，看着它贪婪而快乐的进食，是种享受。

● 不要让哈士奇做一只“宅狗”，多些运动和陪伴，每次10分钟，每天2～3次。

一起散散步，一起玩一会，一起跑一跑，人生在于运动，狗狗也要运动。

● 哈士奇的社会化教育和训练不是一朝一夕的事情，需要反复和坚持，每次 15分钟，重复2～3次。

不要小看每天的一些小训练、小游戏、小交流，在狗狗的成长中会获得更多的成熟和进步，在人前得到越来越多的夸奖和羡慕。

● 哈士奇不需要洗漱打扮，但需要清洁整理，保持良好“仪态”，每次15分钟，每天一次。

观察狗狗的耳朵、眼睛、四肢、皮毛等健康状况，梳理一下容易打结的胡子、腿毛，有必要时对身体进行消毒和擦拭清洁。

2. 每月和“它”相伴的必备时间

● 哈士奇不能整天被“牵引”着，散步的过程，不一定能达到运动效果，每次一个半小时，每月可活动4次左右。

有机会带哈士奇外出玩一玩是自我的放松，也是陪伴狗狗的好机会。这样整段的时间，不用次数很多，但每月都有几次，会让狗狗和你在一起充满了期待。

● 不要等到狗狗成了“泥猴”，才想起给狗狗洗澡，“忙”不能成为借口呀！每次一个半小时，每月2~3次。

哈士奇不能过勤洗澡已经不用多述，但如果在家自己操作，一定要吹干，吹干，再吹干！

夏季洗澡次数每月不宜超过3次，春、秋、冬不宜超过2次。

3. 每年和“它”相伴的必备时间

● 在哈士奇的十多年间，每年都会发生一些生理的变化，做一下全面的身体检查是有必要的，每年检查1次。

检查哈士奇的牙齿、皮肤、体重、体质、发育、器官功能等，一方面通过体检可以适度调整生活习惯，另一方面也可以有针对性地得到专家的帮助和建议。

● 按照第一年注射防疫的时间，从第二年开始，每11个月再次进行防疫免疫一次。

“防疫无小事”，不可掉以轻心，要选择正规渠道的疫苗，携带健康防疫证，注射后将标识贴好，并将下一次注射时间填写清楚。

● 别忘了定期驱虫，定期预防体外寄生虫，定期补充需要的维生素或微量元素。一切都是狗狗健康成长的保证，每年3～6次。

威武健康的哈士奇，除了先天的遗传，还需要我们的精心照顾和无微不至的关怀，我们的幸福离不开它们给予我们的快乐，它们的快乐才会给我们的幸福“锦上添花”！

二、快乐是建立在创造“和谐”的基础上

创造“和谐”的关系，从我们和狗狗在一起的第一天开始，就要有意识地进行培养。这种“和谐”是一天天地积累形成的。毕竟相互语言不通，我们也不是宠物领域的专家，对很多动物行为，尤其是狗狗行为上的个体情况，需要一个熟悉的阶段，所以从“和谐”入手，快乐才能更多，快乐的时间才能更长久。

1. 声音的“和谐”

我们和它们生活的世界中，它们对我们存在绝对的依赖，也就是说狗狗永远不会背叛我们，忠诚是狗狗的性格和美德！

狗狗对声音的敏感众所周知，任何响动，都躲不开它们的关注和警惕。也会将声音变成它们的记忆，这样我们对狗狗说的话语，无论是语音、声调，还是说话的场合，都要把握不让狗狗受到刺激，想通过大声斥责，树立“权威”，建设“和谐”似乎有些天方夜谭。

狗狗的“汪汪”叫，其实也充满了“狗语”，可惜我们听不懂。不过日子久了，我们也能揣摩些其中的意味。同样我们的语言，狗狗也会慢慢揣摩出我们的态度，况且还有眼神、手势、肢体语言，这些都会让狗狗做出判断，也会改变狗狗对待我们的“回应”！

2. 关系的“和谐”

我们和狗狗的关系中维系着一条鲜明的纽带，那就是“食物”。俗话说：“民以食为天”，多数狗狗也很难抵御住食物的诱惑。而食物既有可能成为促进“和谐”的神奇魔力；使用不当，也会成为娇纵性格的“变相”诱因。

给予食物的主动权在我们手中，什么时候给？给多少？怎样个方式给？什么场合给？这些也都成为了狗狗的无限期盼。要维系“和谐”的关系，充分利用狗狗的渴望，才能一步一步地让狗狗达到我们的“希望”，做到我们的“要求”，得到我们的“鼓励”和“奖赏”。

除了每日的餐食，其他的一切食物，都不是为了讨狗狗“欢心”，所以不能它们要、我们就给。如果形成了这个习惯，在“等级明确”的哈士奇眼里，我们的地位会变得非常卑微，甚至于会“骑”在我们“头上”了，还有什么和谐可言呢？

3. 生活的“和谐”

狗狗作为我们的朋友与伙伴，如同是亲人，在一起的时间不比我们和其他家人少。好像有一天不见，就会想个不停，这种“盼望”会纠结着每天的“相见”，伴随着一番热火朝天的“亲昵”。

不过，无论如何，作为社会中的主人，有职业、有交际、有亲友、有更多的事情和生活，切不可为了狗狗彻底把我们拴在了“两点一线”上。哪里都不再敢去，做什么时间长一点就惴惴不安，好似家中的狗狗会“寂寞难耐”。如此的“和谐”生活，与其说是快乐还不如说是“快乐的烦恼”。

我们一直在倡导狗狗的“社会化”培养，狗狗的世界也要存在相对的“自我独立”，“自我娱乐”、“自我生活”。给予它们的空间越大，我们的空间也就越大，即使是短暂的分离也是为了在一起时享受更多的快乐。做一个更加成熟的养宠人，和谐生活将变得充满自由和梦想。

4.“不完美”才“和谐”

我们可能是追求完美的人，对于事业、家庭、感情、自我都追求完美，追求完美的过程没有错，但真正完美的世界并不现实。对于狗狗而言，一两个动作没有做到位、一两件事情没有做成功，应该不算大问题，况且作为一只家庭中的狗狗，真不必求全责备，追求完美！

当然，另外的极端就是让狗狗放任自流、无所约束、肆意妄为地生活在我们身边。这样的后果更加可怕，我们的烦恼也将层出不穷，归结起来，狗狗是无辜的，只是我们没有尽到主人的教育责任，将“不完美”进行到底吧！

和谐生活的获得，简单地说就是狗狗“社会化”程度的标志。让我们多一些时间陪伴在狗狗身边，认真而耐心地观察它们的一举一动。有的放矢地认知和培养它们，引导它们在“社会化”的过程中学习、学习、再学习。即使我们的狗狗还不够完美，何必去介意呢！我们不是要和一只“机器狗”相伴，正是这种“不完美”，会带来更多的乐趣、更多的快乐与和谐的憧憬。

三、只要鼓励，快乐一起

1. 犯错总是难免的

狗狗就像孩子一样，犯错总是难免的。时常是乱叫乱跑不听话，到处撕咬将家里搞得一团糟，还便便到处都是，无所顾忌地做些危险的事情。经常会把我们搞得晕头转向，不知所措，怒不可遏。

2. 鼓励为重，惩罚无用

针对哈士奇，鼓励不能是家常便饭，只有真正做对了，做好了，才能鼓励或给予奖励。要知道，尽管可能狗狗的认知还没有能将事情做到完美，但已经是比以前进步了，就要鼓励。我们的神态、抚慰、语言、物质本身，都高度一致地让狗狗理解这就是“鼓励”。同时鼓励并且一定要奖励，即使是奖励也分大奖励、小奖励，不是说所有做对的都要用奖励，这和鼓励孩子好好学习、不断进步是一样的道理。

哈士奇就是犯了“天大”的错误，也犯不上动用“惩罚”手段，“惩罚”无论是打骂、训斥，还是恐吓、威胁，充其量是希望下一次不要再犯。千万不能因为狗狗的过失，就伤害到它们，尤其是伤害到它们的内心，惩罚是无用的。

哈士奇的犯错，一方面是由于它们不知道做事的后果，一方面是只执著于做事的过程，还有就是狗狗的天性决定的。而无论如何，我们是它们的主人，教育为本，掌握原则，树立我们的权威性和主人地位是前提。

所以，对待狗狗还是从积极的层面教育、训导它们为主，对于它们做错事，第一时间“抓现场”，明确地用手势和言语对它们讲“NO！”，不要使用抬手就打的姿态，不要运用自制的“家法”，不要用“噪音”发泄自己的不满，不要试图用仇恨的表情和言语让它们明白“我们很生气，后果很严重”。这样，只能加剧紧张和恐惧，尽管有些朋友认为或许可能立竿见影收到效果，但这种不利于哈士奇心理健康的表现，还是谨慎为之。

3. 错误的“惩罚”只能让狗狗一头雾水

在哈士奇生活的空间中，无论是谁，哪怕一家子很多口人，只能有一种“声音”出现，对待狗狗的态度要保持一致，否则哈士奇会不知所措。

教育狗狗，要把握“现场原则”，就是看到事情发生的现场，现场进行教育，就事说事，不要提到狗的名字。贻误“现场”，狗狗不知道是哪里做得不对，将狗狗再次带回到“现场”，只能让它们误认为“唤回”是惩罚的意思，将狗狗的名字和“教育”联系起来，以后狗狗一听到我们唤它，恐怕只有“抱头鼠窜”的行为了。

错误的“惩罚”只能让狗狗一头雾水，达不到教育的目的，更不利于狗狗明白是非。还不如放任一马，寻求更好的机会进行引导，乖乖地让它回到窝里反思即可。

四、和老年犬一起相伴

哈士奇的老年期从8岁开始，一方面年龄可以成为进入老年的标志，另一方面狗狗身体和行为的变化也会出现与年轻的时候不同的状态。

1. 饮食的调整

高品质的老年犬粮是最好的选择，多考虑狗狗自身的体质情况：行为和运动、食量和食欲、睡眠和精神等，食物上多一些易消化、好吸收、适口性好的，注重营养均衡。同时，全天都要保持充足的饮用水。当然饮水量突然增多，也有可能是糖尿病和肾病的前兆。

2. 身体和行为方面的变化

饮食较年轻时少，小便次数增多，皮肤、皮毛营养和光泽感降低，出现脱毛，皮肤斑增多，色素沉着，抵抗力减退。行动不积极踊跃，刺激反应敏感，记忆力大不如前，忍受孤独的能力下降。

3. 需要细致入微的关爱

对于老年犬的卧具要更加舒适、温暖和安静，保持干燥并及时清洁消毒。

每日认真察看狗狗的饮食量、饮水量、排便次数、排便情况。发现明显消瘦、精神萎靡等变化不可掉以轻心。患有慢性病，如心脏病、关节炎症、椎间盘突出、肾病、糖尿病、高血脂、高血压、乳腺癌、各种结石、胰腺炎、前列腺炎、椎间盘突出、子宫内膜炎，各种营养代谢性疾病等的狗狗，要在环境上、生活上、饮食上更关注细节，例如周围的声响，饮食的搭配，少盐、少磷，生活习惯等等。

控制哈士奇窜上窜下地跳跃，或爬上沙发、床具、矮桌等。运动和补钙是中老年狗狗促进血液循环，减少老化的进程。关爱狗狗的牙齿，给予磨牙玩具、清理牙结石，保持狗狗咀嚼正常，延缓衰老。

最好每年带着狗狗到专业宠物医院做一次全面的身体检查，包括血常规、尿常规、生化检查、X光或B超检查等，让这个不会说话的小生灵更多地感受我们一如既往的体贴和付出。

4. 需要更多的时间陪伴

留出一些时间吧，给我们的狗狗梳梳毛，陪它们每天散散步，每周抽出一点时间，给它们做顿可口的晚餐，坐在它们身边看着它们美美地全部吃完，不加吝惜地抚摸它们，和它们说说话，找来它们喜欢的玩具，一起消磨一段美好的时光。有机会和它们多留些合影，多些视频，写出一些内心的感触，让时间慢一些，再慢一些……

5. 增加一个小伙伴

最好在哈士奇未老前（6岁之前），选择体型、性格合适的犬种作为它的伙伴。这时老年犬的气力和精力都已经开始衰退，不要过大地增加其疲劳感，打乱它的生活规律，空间安排上也要让其相对安静和独立。哈士奇是非常亲近同类的犬种，对于我们来说在对待一老、一小的态度上也要公平，给予老年犬更多的呵护。

6. 适当的运动

无论是简单的游戏，还是每日的散步，对于老年犬来说，都可以愉悦身心，锻炼身体，减缓衰老的时间。同时适当的运动，可以减少肥胖，运动不能过度，防止腰腿关节和心脏的负担。

结束语

有一次我在公园里休息，听到两位老人争论养狗难与不难的问题，听后让我懂得了不少“狗道理”。

甲：你说养狗不懂狗，如同养娃难，那养狗还要知道什么“狗学问”？！

乙：大家习惯让狗狗与人一样，你说什么，它就要知道明白什么，狗有它的狗脑子，想法与人不一样，语言当然就不相同了（也就是说狗与人的思维方式不一样，狗主要是靠条件反射，形成理解和记忆，人就要聪明多了）。有些事它比人还精灵呢！

甲：你说它精灵在哪里？随地到处方便，我见了总是离得远远的。

乙：这并不完全是狗的错，主要错在人们不愿好好教它养成习惯，狗也是爱干净的。我们家的小狗进门才三天，头两天把它拉的收拾到院角边上，第三天它闻着气味就知道在新地方便便了。每天出门遛狗，它就知道第一件事先去便便，不然不会带它出门玩。

甲：我们家邻居养了两只比熊犬，好是好玩，就是整天乱叫，烦死人了！

乙：人有嘴，不让人说话行吗？狗也一样，它们汪汪叫就是在说话。你就要想想它在想什么？要什么？它还会用姿态、眼神、肢体、尾巴和鼻子一同来表达意思，这些就是“狗语狗言”吧！

甲：他们家人见它们叫时，就和狗狗大声嚷嚷，可你越大声，它们叫得更欢了。真是气死人！

乙：这就是不知道“狗道理”了。狗有争强好胜的脾气，你叫得大声，它以为你在为它叫好，表扬它呢！你严肃的说不！不！而且不理睬它，心平静下来，它也就认为没意思了。小孩爱吵吵也就是这个道理，这就是狗狗与小孩相同的心理活动。

甲：这话也有点道理。人们常说狗仗人势，会看人的脸色。什么都宠着它，它就分不清高低上下，不听人的话了！

乙：狗狗有个习性就是“争宠”，喜欢人们和它友好，给它好吃的，不要打它，高兴与人们平起平坐，也想当“领导”，它是主人，它领导你。有些人认为狗狗真亲热，好宝贝，就骄它，宠着它，习以为常就了不得了——不给好吃的就打翻食盆，表示抗议；不跟它玩，它就用鼻子拱你；不给零食就不听话，等等。你说这完全是狗的错吗？！

所以古语道：“人有人道，水有水道！”什么事情都要依客观情况酌情处理，才能见到好效果。知道一点狗的心理活动，也想想我们人类也不是十全十美的。狗狗不听话，也问一问我们自己，摸索出共同语言，就少了许多烦恼了。

—— 一位狗友的寄语